U0407086

长空之隼

全球空军武器精选100

军情视点 编

化学工业出版社
·北京·

内容提要

本书精心选取了世界各国空军装备的100种经典武器，每种武器均以简洁精练的文字介绍了研制历史、武器构造及作战性能等方面的知识。为了增强阅读趣味性，并加深青少年读者对空军武器的认识，书中不仅配有大量清晰而美观的鉴赏图片，还增加了详细的数据表格，使读者对空军武器有更全面且细致的了解。

本书不仅是广大青少年朋友学习军事知识的不二选择，也是军事爱好者收藏的绝佳对象。

图书在版编目（CIP）数据

长空之隼：全球空军武器精选 100 / 军情视点编．—北京：化学工业出版社，2020.8

（全球武器精选系列）

ISBN 978-7-122-37040-2

Ⅰ．①长… Ⅱ．①军… Ⅲ．①空军－武器装备－介绍－世界 Ⅳ．① E926

中国版本图书馆 CIP 数据核字（2020）第 085401 号

责任编辑：徐　娟　　装帧设计：中图智业

文字编辑：冯国庆

责任校对：宋　玮　　封面设计：刘丽华

出版发行：化学工业出版社（北京市东城区青年湖南街 13 号　邮政编码 100011）

印　　装：中煤（北京）印务有限公司

710mm×1000mm　1/16　印张 14　字数 300 千字　2020 年 8 月北京第 1 版第 1 次印刷

购书咨询：010-64518888　　售后服务：010-64518899

网　　址：http://www.cip.com.cn

凡购买本书，如有缺损质量问题，本社销售中心负责调换。

定价：78.00 元

版权所有　违者必究

在现代化三军中，空军是诞生最晚的军种，但无疑是发展最快的军种。空军萌芽于20世纪初，在第二次世界大战（以下简称二战）时期开始成为战争中的重要力量。二战作为一场空前规模的世界性战争，不仅以航空兵空袭开始，而且以航空兵核空袭而结束。这绝不是偶然的，它标志着空中力量在二战中已经开始脱离陆军和海军的附属地位，并在一定程度上左右了战役乃至战争的进程和结局。英国和美国对二战中的战略轰炸进行调查后表示，“在西欧的战争中，盟国的空中力量是决定性的力量。”

二战后，空军获得飞速的发展，并在一些局部战争中发挥了重大作用。据统计，在二战后190多场局部战争和武装冲突中，有空军参战的占90%左右。空军的大量投入、首先使用甚至是单独使用，对局部战争的进程和结局产生了显著的影响。如果说二战期间，空军的作用还主要表现在保证和配合陆军和海军的作战行动上，而在二战后，特别是20世纪80年代发生的局部战争中，空军则独立承担了许多对战争胜负有决定影响的战略战役任务。

20世纪是空中力量从诞生走向成熟的世纪，而21世纪可能是空天力量主宰战争的世纪。目前，世界各军事强国都把航空武器装备的发展摆在突出的位置。科学技术成果的广泛运用，将使空军武器弹药更加先进。

本书精心选取了世界各国空军装备的100种经典武器，每种武器均以简洁精练的文字介绍了研制历史、武器构造及作战性能等方面的知识。为了增强阅读趣味性，并加深读者对空军武器的认识，书中不仅配有大量清晰而美观的鉴赏图片，还增加了详细的数据表格，使读者对空军武器有更全面且细致的了解。

作为传播军事知识的科普读物，最重要的就是内容的准确性。本书的相关数据资料均来源于国外知名军事媒体和军工企业官方网站等权威途径，坚决杜绝抄袭拼凑和粗制滥造。在确保准确性的同时，我们还着力增加趣味性和观赏性，尽量做到将复杂的理论知识用简明的语言加以说明，并添加了大量精美的图片。因此，本书不仅是广大青少年朋友学习军事知识的不二选择，也是军事爱好者收藏的绝佳对象。

参加本书编写的有丁念阳、黄萍、黄成等。由于编者水平有限，加之军事资料来源的局限性，书中难免存在疏漏之处，敬请广大读者批评指正。

编者

2020年3月

目录

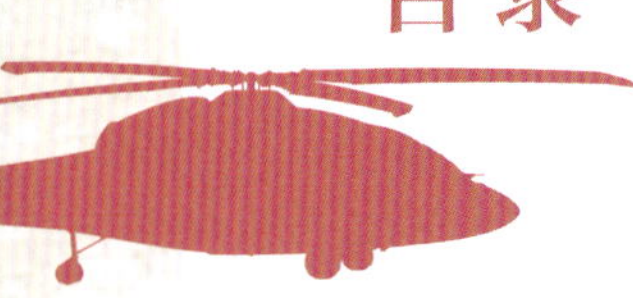

第1章 · 空军概述 /001

第2章 · 固定翼作战飞机 /009

第3章 ● 固定翼辅助飞机 /075

第4章 ● 直升机 /133

第5章 • 无人机 /157

第6章 • 空军弹药装备 /183

参考文献 /218

第 1 章

空军概述

空军是以航空兵为主体，进行空中斗争、空对地斗争和地对空斗争的军种，通常可分为航空兵、地面防空兵、雷达兵和空降兵等兵种。空军具有远程作战、高速机动和猛烈突击的能力，既能协同陆军和海军作战，又能独立作战。

•空军的历史

在现代化三军里，空军是成立最晚的一支，距今不过百余年的历史。这一军种的出现，与飞机的问世密不可分。

朱里奥·杜黑

1903年12月17日，美国莱特兄弟制造出世界上第一架真正意义上的飞机，开启了一个崭新的时代。1909年，意大利陆军军官朱里奥·杜黑（Giulio Douhet）预见性地提出，天空将成为重要性不弱于陆地和海洋的另一个战场，制空权将变得和制海权同等重要。航空兵的重要性将日益提高，它将独立于陆军与海军之外，成为第三支武装力量。

1911年9月，意大利为争夺殖民地与土耳其开战。意大利在陆军中组建了第一支航空部队，拥有20余架军用飞机，隶属陆军指挥。同年10月23日，航空队队长皮亚扎上尉首次驾机侦察土耳其阵地，揭开了世界战争史上飞机参战的序幕。11月初，加沃蒂少尉携带4枚2千克炸弹投到土耳其军队的阵地上，开创了空中轰炸的先河。

1912年，意大利又派遣35架飞机组成第二航空队参战，并开创了夜间空中侦察及夜间轰炸的纪录。1912年6月27日，鉴于飞机在战争中的表现，意大利决定组建一个航空营，科德罗中校任第一任航空营营长。随后数月里，朱里奥·杜黑撰写了一份报告，详细论述了空军的组织结构、飞机和人员的数量等，成为意大利空军建设的基本框架。1912年底，朱里奥·杜黑被任命为航空营营长，他一边参加飞行训练，一边潜心研究制空权理论。

第一次世界大战（以下简称一战）中，法国飞行员于1914年10月5日用机枪击落一架德国侦察机，揭开了空战的序幕。到1914年末，人们已清楚地认识到空中优势给地面作战带来的影响，制空权思想开始萌芽。1918年，英国成立了世界上第一支独立的空军，而其他国家也陆续建立了独立的空军或性质相同的陆军航空队。在此期间，飞机从最初的侦察用途，演化出以飞机投掷炸弹攻击地面敌军的轰炸任务，而为了阻止敌方飞机，飞机上也装设了能攻击敌人飞机的机枪等武器。

1921年，意大利陆军部决定出版朱里奥·杜黑的首部著作《制空权》。朱里奥·杜黑在书中系统地阐述了建设空军和使用空军的思想，创立了制空权理论。这对两次世界大战之间各国的空军建设，尤其对轰炸机的发展有过重要的影响。朱里奥·杜黑也因此被称为“战略空军之父”，其空军理论至今影响着现代战争。

到了第二次世界大战（以下简称二战），飞机开始成为战争的主角。由于在一战中后期飞机的战略作用被各个国家所认识，到二战开始时，军用飞机已经得到了很好的发展，各种不同作战用途的战机纷纷应运而生。与此同时，各国空军的建设也已颇具成效。不过，在空军诞生后相当长的时期里，主要任务都是支援陆军和海军作战。

二战后，随着装备技术水平和战争形态、作战样式的演变，现代空军不仅能与其他军种实施联合作战，还能独立遂行战役、战略任务，对战争的进程和结局产生重大影响，在现代战争中具有重要的地位和作用。

海湾战争中的美国空军 F-15 战斗机编队

虽然各个国家空军的规模和编制各有不同，但作战使命大致一样，即协助及配合地面部队攻势及行动。在常规战争中，空军通常会派遣侦察机进行侦察行动，了解敌方基本情况后，可使用轰炸机摧毁敌方主要防空设施、电力设施以及军事基地等重要目标。地面部队发起进攻后，空军可派遣攻击机提供火力支援。与此同时，以战斗机击退敌方航空部队、取得制空权也是非常重要的一环。在和平时期，空军通常执行空域的巡逻、重要航空器的护航、各种影像及电子情报的搜集等，必要时也可出动协助救灾。某些情况下，空军也会对恐怖分子等进行威慑及攻击。

美国空军 F-15 战斗机发射导弹

英国空军“火神”轰炸机

意大利AMX攻击机

空军的编制和装备

空军通常包括战斗机部队、攻击机部队、轰炸机部队、侦察机队、支援机队、地勤部队、训练部队等。

战斗机部队担负制空任务，可以说是最为人所熟知的空军单位；攻击机部队的职责是精确打击，执行对地面的攻击与支援任务；轰炸机部队的职责是大规模毁灭性打击；侦察机队的职责是情报搜集；支援机队负责武器装备与人员的空中运输，部分守备范围大的空军还有空中加油机队对友机进行空中加油以延伸飞机航程，另外还有救援直升机负责在飞机失事时对飞行员及空勤人员进行救援；地勤部队包括飞机整备修护的整备单位、与基地勤务相关的地面管制单位、文书单位，以及专责的通信部队、气象单位和情报单位等，另外还有保卫机场及设施的警卫部队与防空部队；训练部队包括专门训练飞行员的飞行训练部队，以及训练地勤人员或其他空勤人员等各种勤务的单位。

俄罗斯米格-35“支点”F战斗机

法国“幻影”Ⅳ轰炸机

美国KC-46空中加油机为A-10攻击机加油

除上述单位外，一些国家也在空军下设置担负战略打击任务的陆基战略导弹部队，执行大范围的影像或电子情报搜集的战略侦察部队，以及执行特殊任务的特种部队。此外，某些国家也将空降部队编制在空军内。

空军主要在空中作战，因此空军的装备都是以飞机、导弹和炸弹为主，某些国家甚至配备了核武器。空军装备的飞机通常以用途分类，包括战斗机、截击机、攻击机、轰炸机、战斗轰炸机、运输机、预警机、侦察机、无人机、电子作战机等。另外，还有地面勤务所需要的各种支援车辆，如油罐车、电源车、气源车、拖曳车、导引车、无线电通信车等。空军飞机需要有机场才能起降与存放，而机场往往是敌方的攻击重点，所以需要配备相应的自卫武装，通常是高射炮、轻装作战车辆等。

瑞典“鹰狮”战斗机

美国 C-17 运输机

美国 EC-130H 电子战飞机

• 世界著名空军部队

美国空军

美国空军（United States Air Force，USAF）是美国军队中的空军部分，其任务是“通过空中、外太空和赛博空间中的武力保护美国及其利益”。美国空军的前身为美国陆军航空部队，1947 年 9 月 18 日，美国《国家安全法案》要求组建与美国陆军和美国海军地位平等的独立的美国空军，美国陆军航空部队就此归入美国空军序列。

美国空军的最高行政领导机构是空军部（Department of the Air Force，DAF），最高军事指挥机构是空军参谋部（Air Staff）。截至 2020 年，美国空军现役军官约有 62350 人，士兵约有 250000 人，另有空军学院学员约 3900 人。此外，还有民间雇员 17.86 万人，空中国民警卫队 10.5 万人，空军后备部队 10.73 万人。

★ 美国空军军旗

★ 美国空军国籍标志

俄罗斯空军

俄罗斯空军是苏联空军的最大继承者。1991 年 11 月，随着苏联解体，15 个独立的联邦瓜分了苏联的战机与机组人员。1992 年 9 月，苏联空军总司令彼得 · 杰伊涅金上将成为首任俄罗斯空军总司令。俄罗斯继承了大多数的现代战机和 65% 的人员。一些在哈萨克斯坦、白俄罗斯和乌克兰境内的飞机，后来被俄罗斯通过债务抵偿的方式换回，少部分被拆解。

俄罗斯空军现编为 7 个战役司令部，构成“战役司令部—空军基地（旅）—大队（团）”三级指挥结构。第 1 空防司令部归西方军区指挥，第 2 空防司令部归中央军区指挥，第 3 空防司令部归东方军区指挥，第 4 空防司令部归南方军区指挥。此外，还有空天防御战役战略司令部、军事运输航空兵司令部、远程航空兵司令部。

★ 俄罗斯空军军旗

★ 俄罗斯空军国籍标志

英国空军

英国空军（Royal Air Force，RAF）为英国军队的航空作战部门，组建于 1918 年 4 月 1 日，并成为世界上第一支被编成独立军种的空军。一战结束后，英国空军成为当时世界上最庞大的空军。

自创设之后，英国空军在英国军事史中扮演了重要角色，尤其是在二战中的不列颠战役。二战后，英国空军先后参加了第二次中东战争、马岛战争、“沙漠风暴”行动、波黑战争、“沙漠之狐”行动、北约空袭南联盟、阿富汗战争和伊拉克战争等局部战争或军事行动。

★ 英国空军军旗

★ 英国空军国籍标志

法国空军

法国空军（法语为 Armee de l'Air，ALA）是法国武装部队的空军。它在 1909 年成立，初名“航空勤务队”，当时隶属于法国陆军，于 1933 年成为一个独立的军事部门。

截至 2020 年，法国空军拥有兵力约 6 万人，编有 1 个防空司令部（下辖“斯特里达”Ⅱ防空系统、6 个雷达站、1 个预警机中队、11 个地空导弹连、若干个高炮连）、1 个空中作战司令部（下辖 6 个攻击战斗机中队、7 个战斗机中队、2 个侦察机中队、3 个教练机中队、1 个电子战中队）、1 个空中机动支援司令部（下辖 14 个运输机中队、1 个电子战中队、5 个直升机中队、1 个教练机中队）、1 个空中训练司令部。

★ 法国空军标识　　★ 法国空军国籍标志

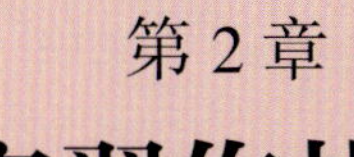

第 2 章

固定翼作战飞机

固定翼作战飞机是空军的主要作战装备，即直接作为武器平台实施武器发射和投放的固定翼军用飞机，它们能以机载武器、特种装备对空中、地面、水上、水下目标进行攻击和担负其他作战任务。本章主要介绍世界各国军队现役的重要国家翼作战飞机，包括攻击机、轰炸机。

No. 1 美国 F-15“鹰”式战斗机

基本参数	
机长	19.43 米
机高	5.63 米
翼展	13.05 米
空重	12700 千克
最大速度	2665 千米 / 小时

F-15 战斗机在高空飞行

F-15“鹰”(Eagle)式战斗机是美国麦克唐纳·道格拉斯公司研制的全天候双发战斗机，1976 年 1 月开始服役。该机是世界上较早成熟的第四代战斗机，第四代战斗机的主要设计特点在它身上开始集中显现。

•研发历史

F-15 战斗机由 1962 年展开的 F-X(Fighter-Experimental)计划发展而来。在战斗机世代上，按照原先的欧洲和美国标准被归类为第三代战斗机，现在已和俄罗斯标准统一为第四代战斗机。该机的设计思想是替换在越南战场上问题层出的

F-15 战斗机正面视角

F-4 战斗机，要求对 1975 年之后出现的任何敌方战斗机保持绝对的空中优势，设计时要求其“没有一磅重量用于对地”。该机主要有 A 型、B 型、C 型、D 型四种型号，其中 A 型和 C 型为单座型，B 型和 D 型为双座型。美国空军是 F-15 战斗机最早的也是数量最多的使用者，其计划将 F-15 战斗机服役至 2025 年。

F-15 战斗机仰视图

•机体构造

F-15 战斗机的机身为全金属半硬壳式结构，机身由前、中、后三段组成。前段包括机头雷达罩、座舱和电子设备舱，主要结构材料为铝合金。中段与机翼相连，部分采用钛合金件承受大载荷。后段为钛合金结构发动机舱。锯齿形前缘的平尾为全动式，面积大，可满足高速飞行和机动需要。机翼前梁材料为铝合金，后三梁材料为钛合金。

•作战性能

F-15 战斗机是一款极为优秀的多用途战斗机，拥有极其出色的空战性能。不过由于诞生较早，F-15 战斗机的前期型号仍存在一定争议。F-15 战斗机的生产数量较多，改进型号也较多，并且拥有极为丰富的实战经验，据说它在战场上击落过上百架敌机，却没有一架在战场上被击落的记录。但也有资料说，在 1991 年的海湾战争中和 2015 年以来的也门内战中，有多架 F-15 被击落。

F-15 战斗机使用的多功能脉冲多普勒雷达具备较好的下视搜索能力，利用多普勒效应可避免目标的信号被地面噪声所掩盖，能追踪树梢高度的小型高速目标。F-15 战斗机装有 1 门 20 毫米 M61A1 机炮，另有 11 个外挂点（机翼 6 个，机身 5 个），总挂载量达 7300 千克，可使用 AIM-7、AIM-9 和 AIM-120 等空对空导弹，以及包括 Mk 80 系列无导引炸弹在内的多种对地武器。

F-15 战斗机右侧视角

No. 2 美国 F-16“战隼”战斗机

基本参数	
机长	15.06 米
机高	4.88 米
翼展	9.96 米
空重	8570 千克
最大速度	2120 千米 / 小时

F-16 战斗机正面视角

F-16“战隼”（Fighting Falcon）战斗机是美国通用动力公司（1993 年通用动力公司将飞机制造事业出售给洛克希德公司，洛克希德公司与 1995 年与马丁 · 玛丽埃塔公司合并，更名为洛克希德 · 马丁公司）为美国空军研制的多功能喷气式战斗机，属于第四代战斗机。

•研发历史

F-16 战斗机原本是通用动力公司研制的低成本、单座轻型战斗机，第一种生产型于 1979 年 1 月进入现役。之后几经改进，前后有 F-16A、F-16B、F-16C、F-16D、F-16E、F-16F、F-16V、F-16I 和 F-16ADF 等十余种

F-16 战斗机正在起飞

型号。冷战后，美国空军对军机的需求量下降，通用动力公司于 1992 年 12 月宣布将 F-16 战斗机的生产线卖给洛克希德公司。截至 2020 年 2 月，F-16 战斗机的总产量超过 4600 架。除美国外，以色列、埃及、土耳其、韩国、希腊、荷兰、丹麦和挪威等 20 多个国家也有订购。

● 机体构造

F-16 战斗机的机身采用半硬壳式结构，外形短粗，采用翼身融合体形式与机翼连接，使机身与机翼圆滑地结合在一起，从而减小了阻力，提高了升阻比，增加了刚度，并且对减小雷达反射面积也有好处。尾部有全动式平尾，平面形状与机翼相似，翼根整流罩后部是开裂式减速板。垂尾较高，安定面大，后缘是全翼展的方向舵。腹部有两块面积较大的安定翼面。起落架为前三点式，可收放在机身内部。座舱盖为气泡形的，飞行员视野很好，内装零 - 零弹射座椅。

F-16 战斗机右侧视角

● 作战性能

F-16 战斗机是世界上产量最多的第四代战斗机，也是成功的轻型战斗机之一。它是美国第一种能够进行 9g 过载机动的战斗机，也是美国最早采用电传操纵系统、人体工程学座舱的战斗机之一。凭借优异的作战性能，F-16 战斗机外销 20 多个国家和地区。服役至今，F-16 战斗机几乎参与了历次大规模战争，战绩不逊于 F-15 战斗机。

F-16 战斗机装有 1 门 20 毫米 M61 "火神" 机炮，备弹 511 发。该机可以携带的导弹包括 AIM-7、AIM-9、AIM-120、AGM-65、AGM-88、AGM-84、AGM-119 等，另外还可挂载 AGM-154 联合防区外武器、CBU-87/89/97 集束炸弹、GBU-39 小直径炸弹、Mk 80 系列无导引炸弹、"铺路" 系列制导炸弹、联合直接攻击炸弹、B61 核弹等。

F-16 战斗机在高空飞行

No. 3 美国 F-22“猛禽”战斗机

基本参数	
机长	18.92 米
机高	5.08 米
翼展	13.56 米
空重	19700 千克
最大速度	2410 千米 / 小时

★ F-22 战斗机背部视角

F-22“猛禽”（Raptor）战斗机是美国空军现役的双发单座隐形战斗机，其主承包商为美国洛克希德·马丁公司，负责设计大部分机身、武器系统和最终组装。

●研发历史

F-22 战斗机的研发最早可以追溯到 1971 年，当时美国战术空军指挥部提出了先进战术战斗机（Advanced Tactical Fighter，ATF）计划。由于经费的原因，这个计划一直被推迟到 1982 年 10 月才最终定案，同时提出技术要求。1986 年，以洛克希德公司（此时尚

F-22 战斗机编队飞行

未与马丁 · 玛丽埃塔公司合并）和波音公司为主的研制小组提出 YF-22 方案，并中标。1997 年，洛克希德 · 马丁公司首次公开 F-22 战斗机，并正式将其命名为“猛禽”。2005 年 12 月，F-22 战斗机正式服役。因法规的限制，F-22 战斗机无法出口，美国空军暂时是唯一使用者。

•机体构造

F-22 战斗机采用双垂尾双发单座布局，垂尾向外倾斜 27 度。两侧进气口装在边条翼下方，与喷嘴一样，都做了抑制红外辐射的隐形设计。主翼和水平安定面采用相同的后掠角和后缘前掠角，水泡形座舱盖凸出于前机身上部，全部武器都隐蔽地挂在 4 个内部弹舱之中。

F-22 战斗机准备起飞

•作战性能

F-22 战斗机是世界上最先服役的第五代战斗机，拥有出色的综合作战能力。该机在设计上具备超音速巡航（不需使用加力燃烧室）、超视距作战、高机动性、对雷达与红外线隐形等特性。据估计，F-22 战斗机的作战能力为 F-15 战斗机的 2 ~ 4 倍。F-22 战斗机的许多先进技术，还被应用到 F-35 战斗机上。

F-22 战斗机装有 1 门 20 毫米 M61“火神”机炮，备弹 480 发。在空对空构型时，通常携带 6 枚 AIM-120 先进中程空对空导弹和 2 枚 AIM-9“响尾蛇”空对空导弹。在空对地构型时，则携带 2 枚联合直接攻击弹药（或 8 枚 GBU-39 小直径炸弹）、2 枚 AIM-120 先进中程空对空导弹和 2 枚 AIM-9“响尾蛇”空对空导弹。

F-22 战斗机表演特技动作

No. 4 美国 F-35“闪电”Ⅱ战斗机

基本参数	
机长	15.7 米
机高	4.33 米
翼展	10.7 米
空重	13300 千克
最大速度	1931 千米 / 小时

F-35 战斗机在高空飞行

F-35“闪电”Ⅱ（Lightning Ⅱ）战斗机是美国洛克希德·马丁公司研制的单发单座多用途战机，2015 年 7 月开始服役。

•研发历史

F-35 战斗机从机场跑道起飞

F-35 战斗机源于美军的联合打击战斗机（Joint Strike Fighter，JSF）计划，主要用于前线支援、目标轰炸、防空截击等多种任务，并因此发展出三种主要的衍生版本，包括采用传统跑道起降的 F-35A 型、短距离 / 垂直起降的 F-35B 型以及作为舰载机的 F-35C 型。

虽然美国是 F-35 战斗机主要的购买国家与资金提供者，但英国、意大利、荷兰、加拿大、挪威、丹麦、澳大利亚和土耳其也为研发计划提供了 43.75 亿美元经费。2015 年 7 月，F-35B 型开始进入美国海军陆战队服役。2016 年 8 月，F-35A 型也开始进入美国空军服役。2019 年 2 月，F-35C 型进入美国海军服役。

•机体构造

F-35 战斗机的外形很像 F-22 战斗机的单发缩小版，其隐身设计借鉴了 F-22 战斗机的很多技术与经验。F-35 战斗机采用古德里奇公司为其量身定制的起落架系统，配备固特异公司制造的“智能”轮胎，轮胎中内置了传感器和发射装置，可以监测胎压胎温。

★ F-35 战斗机仰视图

•作战性能

F-35 战斗机属于具有隐身设计的第五代战斗机，被定位为 F-22 战斗机的低阶辅助机种。与美国以往的战斗机相比，F-35 战斗机具有廉价耐用的隐身技术、较低的维护成本，并用头盔显示器完全替代了抬头显示器。因后发优势，F-35 战斗机在某些方面反而比 F-22 战斗机更先进。它将是美国及其盟国在 21 世纪的空战主力之一，具备较高的隐身设计、先进的电子系统以及一定的超音速巡航能力。

F-35 战斗机装有 1 门 25 毫米 GAU-12/A“平衡者”机炮，备弹 180 发。除机炮外，F-35 战斗机还可以挂载 AIM-9X、AIM-120、AGM-88、AGM-154、AGM-158、海军打击导弹、远程反舰导弹等多种导弹武器，并可使用联合直接攻击炸弹、风修正弹药撒布器、“铺路”系列制导炸弹、GBU-39 小直径炸弹、Mk 80 系列无导引炸弹、CBU-100 集束炸弹、B61 核弹等，火力十分强劲。

F-35 战斗机尾部视角

No. 5 美国 F-117“夜鹰”攻击机

基本参数	
机长	20.09 米
机高	3.78 米
翼展	13.2 米
空重	13380 千克
最大速度	993 千米 / 小时

F-117 攻击机在高空飞行

F-117“夜鹰”（Nighthawk）攻击机是美国洛克希德公司研制的双发单座隐身攻击机，1983 年开始服役，2008 年退出现役。

• 研发历史

F-117 攻击机的研制工作始于 20 世纪 70 年代中期，一共制造了 5 架原型机，1981 年 6 月 15 日试飞定型，次年 8 月 23 日开始向美国空军交付，一共交付了 59 架生产型。F-117 攻击机服役后一直处于保密状态，直到 1988 年 11 月 10 日，美国空军才首次公布了它的照片。1989 年 4 月，F-117 攻击机在内华达州的内利斯空军

★ F-117 攻击机编队飞行

基地公开面世。

值得一提的是，一名资深的 F-117 攻击机研发团队成员曾在电视节目里表示，以“F”命名的军用航空器比较容易吸引顶尖、一流的美国空军飞行员，以“A”或“B”来命名反而不具吸引力。这或许是“夜鹰”身为攻击机却以“F”命名的重要原因之一。

•机体构造

F-117 攻击机的外形与众不同，整架飞机几乎全由直线构成，连机翼和 V 形尾翼也都采用了没有曲线的菱形翼型。整个机身干净利索，没有任何明显的突出物，除了机头的 4 个多功能大气数据探头外，就连天线也设计成可上下伸缩的。为了降低电磁波的发散和雷达截面积，F-117 攻击机没有配备雷达。诸如此类的设计大幅提高了隐身性能，但也导致 F-117 攻击机气动性能不佳、机动能力差、飞行速度慢等。

F-117 攻击机俯视图

•作战性能

F-117 攻击机是世界上第一款完全以隐形技术设计的飞机，引领世界军事进入了隐形时代。该机在世界航空史上具有重要的里程碑意义，其总设计师还因此获得了美国国家航空航天协会的最高奖励——罗伯特·科利尔奖。虽然 F-117 攻击机的隐身性能出色，但其他方面的性能却有所牺牲，这也导致 F-117 攻击机的服役时间不长。

F-117 攻击机可进行空中加油，加油口位于机身背部。该机的两个武器舱拥有 2300 千克的装载能力，理论上可以携带美国空军军械库内的任何武器，包括 B61 核弹。少数炸弹因为体积太大，或与 F-117 攻击机的系统不相容而无法携带。

停机坪中的 F-117 攻击机

No. 6 美国 A-10“雷电”Ⅱ攻击机

基本参数	
机长	16.26 米
机高	4.47 米
翼展	17.53 米
空重	11321 千克
最大速度	706 千米 / 小时

★ 满载武器的 A-10 攻击机

A-10“雷电”Ⅱ（Thunderbolt Ⅱ）攻击机是美国费尔柴德公司研制的双发单座攻击机，主要执行密接支援任务，包括攻击敌方战车、武装车辆、重要地面目标等。

●研发历史

A-10 攻击机源于美国空军在 1966 年 9 月展开的攻击机试验计划，其绰号来自于二战时期在密接支援上表现出色的 P-47“雷电”攻击机。A-10 攻击机于 1972 年 5 月首次试飞，1975 年开始装备美国空军。该机有多个型号，在经过升级和改进之后，一部分 A-10 攻击机将会持续使用至 2028 年。

A-10 攻击机编队飞行

•机体构造

A-10 攻击机采用中等厚度大弯度平直下单翼、双垂尾的正常布局，不仅便于安排翼下挂架，而且有利于遮蔽发动机排出的火焰与气流，以抑制红外制导的地对空导弹的攻击。尾吊发动机不仅可以简化设计、减轻结构重量，在起降时还可最大限度避免发动机吸入异物。两个垂直尾翼增加了飞行安定性，作战中即使有一个垂直尾翼遭到破坏，飞机也不会无法操纵。

★ A-10 攻击机仰视图

•作战性能

A-10 攻击机的火力强大、装甲厚实，能够有效对付利用地形掩护的地面部队，拥有美国其他战斗机和武装直升机所不具备的对地攻击能力。该机在低空低速时有优异的机动性，可以在相当短的跑道上起飞及降落，并能在接近前线的简陋机场运作，因此可以在短时间内抵达战区。其滞空时间相当长，能够长时间盘旋于任务区域附近并在 300 米以下的低空执行任务。

A-10 攻击机在前机身内左下侧安装了 1 门 30 毫米 GAU-8 型 7 管加特林机炮，最大备弹量 1350 发。该机有 11 个外挂架（每侧机翼下 4 个，机身下 3 个），最大载弹量为 7260 千克。1991 年海湾战争是 A-10 攻击机第一次参与实战，144 架 A-10 攻击机进行了近 8100 架次任务，一共摧毁了伊拉克超过 900 辆坦克、2000 辆其他战斗车辆以及 1200 个火炮据点，成为该战役中效率最高的战机。

A-10 攻击机在高空飞行

No. 7 美国 B-52“同温层堡垒”轰炸机

基本参数	
机长	48.5 米
机高	12.4 米
翼展	56.4 米
空重	83250 千克
最大速度	1047 千米 / 小时

B-52 轰炸机在高空飞行

B-52“同温层堡垒”（Stratofortress）轰炸机是美国波音公司研制的八发远程战略轰炸机，1955 年开始服役，用于替换 B-36“和平缔造者”轰炸机执行战略轰炸任务。

•研发历史

B-52 轰炸机准备起飞

B-52 轰炸机于 1948 年提出设计方案，1952 年第一架原型机首飞，1955 年批量生产型开始交付使用，先后发展了 B-52A、B-52B、B-52C、B-52D、B-52E、B-52F、B-52G、B-52H 等型别。由于 B-52 轰炸机的升限最高可处于地球同温层，所以被称为

"同温层堡垒"。1962 年，B-52 轰炸机停止生产，前后一共生产了 744 架。该机服役时间极长，时至今日已经超过半个世纪，但它仍然是美国空军战略轰炸的主力，美国空军还计划让其持续服役至 2050 年。

B-52 轰炸机正面视角

• 机体构造

B-52 轰炸机的机身结构为细长的全金属半硬壳式，侧面平滑，截面呈圆角矩形。前段为气密乘员舱，中段上部为油箱，下部为炸弹舱，空中加油受油口在前机身顶部。后段逐步变细，尾部是炮塔，其上方是增压的射击员舱。动力装置为 8 台普惠 TF33-P-3/103 涡扇发动机，以两台为一组分别吊装于两侧机翼之下。

• 作战性能

B-52 轰炸机装有 1 门 20 毫米 M61 "火神" 机炮，另外还可以携带 31500 千克各型常规炸弹、导弹或核弹，载弹量非常大。Mk 28 核弹是 B-52 轰炸机的主战装备，在弹舱内特制的双层挂架上可以密集携带 4 枚，分两层各并列放置 2 枚。为增强突防能力，B-52 轰炸机还装备了 AGM-28 "大猎犬" 巡航导弹。B-52 轰炸机也是美国战略轰炸机中唯一可以发射巡航导弹的机种。

B-52 轰炸机俯视图

No. 8 美国 B-1B“枪骑兵”轰炸机

基本参数	
机长	44.5 米
机高	10.4 米
翼展	42 米
空重	87100 千克
最大速度	1335 千米 / 小时

★ B-1B 轰炸机在高空飞行

B-1B“枪骑兵”（Lancer）轰炸机是美国北美航空公司（现已被波音公司并购）研制的超音速可变后掠翼重型远程战略轰炸机，1986 年开始服役。

•研发历史

早在 20 世纪 50 年代末，美国空军就已经计划发展一种最高速度可达 3 马赫的战略轰炸机 XB-70，但该计划后来流产。在放弃 XB-70 后，美国空军又计划发展一种以音速低空进攻为主的轰炸机。70 年代，北美航空提出以 XB-70 的技术为基础研制 B-1 轰炸机，造出 4 架 B-1A 原

B-1B 轰炸机仰视图

型机，并于 1974 年首次试飞，后来由于造价昂贵遭到卡特总统取消。1981 年，里根总统上任后，美国空军恢复了订购。新的 B-1B 原型机于 1983 年 3 月首飞，1985 年开始批量生产。

B-1B 轰炸机俯视图

• 机体构造

B-1B 轰炸机的机身修长，前机身布置四座座舱，尾部安装有巨大的后掠垂尾，垂尾根部的背鳍一直向前延伸至机身中部。全动平尾安装在垂尾下方，位置较高。该机的机身中段向机翼平滑过渡，形成翼身融合，可增加升力，减小阻力。另外，机身的设计还注重降低雷达截面积，以降低被敌方防空系统发现的概率。双轮前起落架有液压转向装置，向前收在机鼻下方的起落架舱中。主起落架安装在机腹下方发动机短舱之间，采用四轮小车式机轮，向上收入机腹。由于采用可变后掠翼，B-1B 轰炸机能从跑道长度较短的民用机场起飞作战。

• 作战性能

B-1B 轰炸机有 6 个外挂点，可携挂 27000 千克炸弹。此外，还有 3 个内置弹舱，可携挂 34000 千克炸弹。得益于由前方监视雷达和自动操纵装置组合而成的地形追踪系统，B-1B 轰炸机在平坦的地面上可降低到 60 米的飞行高度。

B-1B 轰炸机是美国空军战略威慑的主要力量，也是美国现役数量最多的战略轰炸机。B-1B 轰炸机首次投入实战是在 1990 年 12 月的“沙漠之狐”行动，对伊拉克进行空中轰炸。1999 年，6 架 B-1B 轰炸机投入北约各国对塞尔维亚所进行的联合轰炸任务，并在仅占总飞行架次 2% 的情形下，投掷了超过 20% 的弹药量。

B-1B 轰炸机及其挂载的武器

No. 9 美国 B-2“幽灵”轰炸机

基本参数	
机长	21 米
机高	5.18 米
翼展	52.4 米
空重	71700 千克
最大速度	1010 千米 / 小时

B-2 轰炸机在高空飞行

B-2“幽灵”（Spirit）轰炸机是美国诺斯洛普 · 格鲁曼公司和波音公司研制的隐身战略轰炸机，1997 年开始服役。

• 研发历史

1981 年 10 月 20 日，诺斯洛普 / 波音团队打败洛克希德 / 洛克威尔团队，赢得先进技术轰炸机（Advanced Technology Bomber，ATB）计划，在麻省理工学院科学家的协助下为美国空军研制生产新型轰炸机。1989 年 7 月，B-2 原型机首次试飞，之后又经历了军

停放在跑道上的 B-2 轰炸机

方进行的多次试飞和严格检验，生产厂家还不断根据空军所提出的种种意见而进行设计修改。1997 年，B-2 轰炸机正式服役。因造价太过昂贵和保养维护复杂的原因，B-2 轰炸机至今一共只生产了 21 架。

B-2 轰炸机俯视图

•机体构造

B-2 轰炸机没有垂直尾翼或方向舵，机翼前缘与机翼后缘和另一侧的翼尖平行。飞机的中间部位隆起，以容纳座舱、弹舱和电子设备。中央机身两侧的隆起是发动机舱，每个发动机舱内安装两台无加力涡扇发动机。机身尾部后缘为 W 形锯齿状，边缘也与两侧机翼前缘平行。由于飞机的机翼前缘在机身之前，为了使气动中心靠近重心，也需要将机翼后掠。

•作战性能

B-2 轰炸机是目前世界上唯一的隐身战略轰炸机，按照 1997 年的币值，每架 B-2 轰炸机的造价高达 7.37 亿美元。若以重量计，服役初期 B-2 轰炸机的重量单位价格比黄金还要贵 2 ～ 3 倍。在 F-35 战斗机服役之前，B-2 轰炸机与 F-22 战斗机是世界上仅有的可以进行对地攻击任务的隐身战机。

由于采用了先进、奇特的外形结构，B-2 轰炸机的可探测性极低，使其能够在较危险的区域飞行，执行战略轰炸任务。该机航程超过 10000 千米，而且具备空中加油能力，大大增强了作战半径。该机每次执行任务的空中飞行时间一般不少于 10 小时。美国空军称其具有“全球到达”和“全球摧毁”的能力，可在接到命令后数小时内由美国本土起飞，攻击全球大部分地区的目标。该机没有固定武器，最多可以携带 23000 千克炸弹。

B-2 轰炸机起飞

No. 10 苏联 / 俄罗斯米格-29 战斗机

基本参数	
机长	17.37 米
机高	4.73 米
翼展	11.4 米
空重	11000 千克
最大速度	2400 千米 / 小时

米格-29 战斗机右侧视角

米格-29 战斗机是米高扬设计局研制的双发高性能制空战斗机，1982 年开始服役。该机的改进型多达 20 余种，总产量超过 1600 架，除苏联 / 俄罗斯外还有数十个国家装备。

•研发历史

米格-29 战斗机起飞

1969 年，苏联开始发展“未来前线战斗机”计划（PFI）。1971 年，这个计划被一分为二，即重型先进战术战斗机（TPFI）、轻型先进战术战斗机（LPFI）。前者由苏霍伊设计局负责，后者则交于米高扬设计局，最终促成了苏-27 战斗机和米格-29 战斗机的问世。

米格-29 的原型机于 1977 年 10 月 6 日首次试飞，1982 年投入批量生产，同年开始装备部队。

•机体构造

米格-29 战斗机的整体气动布局为静不安定式，低翼面载荷，高推重比。精心设计的翼身融合体，是其气动设计上的最大特色。米格-29 战斗机的机身结构主要由铝合金组成，部分机身加强隔框使用了钛材料，以适应特定的强度和温度要求，另外少量采用了铝锂合金部件。该机的两台发动机间有较大空间，在机背上形成了一个长条状的凹陷。

米格-29 战斗机在高空飞行

•作战性能

米格-29 战斗机的设计目标是赶超美国当时的第四代战斗机研制计划，它从设计思想上摆脱了苏联原有战斗机的束缚，具备优良的气动布局。与以往的苏制战机相比，米格-29 战斗机的驾驶舱视野有所改善，但仍然不及同时期的西方战斗机。

米格-29 战斗机装有 1 门 30 毫米 Gsh-301 机炮，备弹 150 发。机炮埋入机首左侧的翼边内，从正面看是一个小孔。米格-29 战斗机的机翼下有 7 个挂点，机翼每侧 3 个，机身中轴线下 1 个，最大载弹量为 2000 千克。

米格-29 战斗机仰视图

No. 11 俄罗斯米格-35 战斗机

基本参数	
机长	17.3 米
机高	4.7 米
翼展	12 米
空重	11000 千克
最大速度	2400 千米 / 小时

满载武器的米格-35 战斗机

米格-35 战斗机是米高扬设计局研制的多用途喷气式战斗机，2019 年开始服役。

•研发历史

米格-35 战斗机准备起飞

米格-35 战斗机的研制计划于 1996 年首度公开，原型机于 2007 年首次试飞。在 2012 年印度的军机采购案中，米格-35 战斗机一度入选，但 2011 年印度宣布将采购欧洲战机，这导致米格-35 战斗机的批量生产计划一度被取消。2013 年 5 月，俄罗斯宣布采购最少 24 架米格-35 战斗机。2014 年 4 月，有报道称埃及空军计划拨款 30 亿美元采购 24 架米格-35 战斗机。2019 年 6 月，米格-35 战斗机进入俄罗斯空军服役。

米格-35 战斗机在高空飞行

•机体构造

米格-35 战斗机不仅配备了智能化座舱，还装有液晶多功能显示屏。它取消了进气道上方的百叶窗式辅助进气门，并在进气口安装可收放隔栅，防止吸入异物。进气道下口位置可以调节，能增大起飞时的空气量。机身后部位置延长以保持其静稳态性。该机的动力装置为两台克里莫夫 RD-33 涡扇发动机，单台净推力为 53 千牛。

•作战性能

米格-35 战斗机属于第四代半战斗机，整体性能较老式的米格-29 战斗机有了显著的提升。凭借最新型的机载设备和先进的武器系统，米格-35 战斗机已经具备了执行多种任务的能力。该机可在不进入敌方的反导弹区域时，对敌方的地上和水上高精准武器进行有效打击。

米格-35 战斗机装备了全新的相控阵雷达，其火控系统中还整合了经过改进的光学定位系统，可在关闭机载雷达的情况下对空中目标实施远距离探测。该机的固定武器是 1 门 30 毫米机炮，用于携带各种导弹和炸弹的外挂点为 9 个，总载弹量为 6000 千克。

米格-35 战斗机表演特技动作

No. 12 苏联 / 俄罗斯苏-27 战斗机

基本参数	
机长	21.9 米
机高	5.92 米
翼展	14.7 米
空重	16830 千克
最大速度	2500 千米 / 小时

★ 苏-27 战斗机在高空飞行

苏-27 战斗机是苏霍伊设计局研制的双发单座全天候重型战斗机，1985 年 6 月开始服役。

•研发历史

苏-27 战斗机起飞

20 世纪 60 年代，美国相继发展了 F-15 重型战斗机和 F-16 轻型战斗机。作为回应，苏联从 1969 年开始发展未来前线战斗机计划（PFI）。参与该项目竞标的有雅克列夫设计局的雅克-45、米高扬设计局的米格-29 以及苏霍伊设计局的 T-10（苏-27 的原型机）。最后，米格-29 和 T-10 胜出。前者用于对抗

F-16 战斗机，后者用于对抗 F-15 战斗机。

•机体构造

苏-27 战斗机的基本设计与米格-29 战斗机相似，不过体型远大于后者。苏-27 战斗机采用翼身融合体技术，悬臂式中单翼，翼根外有光滑、弯曲、前伸的边条翼，双垂直尾翼正常式布局，进气道位于翼身融合体的前下方，有很好的气动性能。机身为全金属半硬壳式，机头略向下垂。为了最大化地减轻重量，苏-27 战斗机大量采用钛合金，其比例大大高于同时期飞机。

苏-27 战斗机仰视图

•作战性能

苏-27 战斗机属于第四代战斗机，它是苏联设计的最为成功的战斗机之一，无论是气动外形、动力系统、航空电子设备都是当时苏联航空技术巅峰的结晶之作。凭借优异的性能、不断的改进，苏-27 战斗机与美国 F-15 战斗机形成了长期抗衡的局面。

苏-27 战斗机的机动性和敏捷性较好，续航时间长，可以进行超视距作战。该机具有超大迎角飞行能力，还被“俄罗斯勇士”特技飞行表演队选为表演用机。不过，与同时期的西方战斗机相比，苏-27 战斗机的机载电子设备和座舱显示设备较为落后，且不具备隐身性能。苏-27 战斗机的固定武器为 1 门 30 毫米 GSh-30-1 机炮，备弹 150 发。10 个外部挂架可挂载 4430 千克导弹，包括 R-27、R-73 和 R-60M 等空对空导弹。

★ 苏-27 战斗机表演特技动作

No. 13 俄罗斯苏-35 战斗机

基本参数	
机长	21.9 米
机高	5.9 米
翼展	15.3 米
空重	18400 千克
最大速度	2390 千米 / 小时

苏-35 战斗机在高空飞行

苏-35 战斗机是苏霍伊设计局研制的双发单座多用途重型战斗机，2014 年开始服役。

•研发历史

20 世纪 80 年代初期，苏-27S 战斗机刚刚问世，苏霍伊设计局就开始了大改苏-27 战斗机的构想，也就是后来的苏-27M 计划，要将苏-27 战斗机改为先进的多用途战斗机。1988 年 6 月，苏-27M 战斗机首次试飞。1992 年 9 月，新机被更名为苏-35 战斗机。2014 年，俄罗斯空军开始少量装备苏-35 战斗机。

苏-35 战斗机起飞

•机体构造

苏-35战斗机的外形非常简洁，大部分天线、传感器都改为隐藏式。机头增长增厚，以安装更大的雷达及更多航空电子设备，侧面看上去下倾得比苏-27战斗机更大。垂直尾翼加大，以得到更好的偏航稳定性能。此外，垂直尾翼及其方向舵的形状也略微改变，在垂直尾翼顶端，由苏-27战斗机的下切改成平直，是苏-35战斗机的重要识别特征。

苏-35战斗机仰视图

苏-35战斗机除了用三翼面设计带来绝佳的气动力性能外，还大幅提升航空电子性能。这也导致机身重量增加，必须有其他改良才能避免机动性、加速性、航程的下降。因此，除了以前翼提升操控性外，苏-35战斗机还装备更大推力的发动机，主翼与垂直尾翼内的油箱也相应增大。

•作战性能

苏-35战斗机由苏-27战斗机改进而来，属于第四代半战斗机。整体来说，苏-35战斗机在机动性、加速性、结构效益、电子设备性能各方面都全面优于苏-27战斗机，而不像苏-27战斗机的其他改进型一样有取有舍。

苏-35战斗机装有1门30毫米Gsh-301机炮，机身和机翼下共有12个外挂点，采用多用途挂架可有14个外挂点。所有外挂点的最大挂载量为8000千克，正常空战挂载量则为1400千克。理论上，苏-35战斗机能发射所有俄制精确制导武器，如R-27、R-73、R-77空对空导弹，Kh-29反舰导弹，Kh-59巡航导弹，Kh-31反辐射导弹，以及KAB-500、KAB-1500系列制导炸弹等。

苏-35战斗机右侧视角

No. 14 俄罗斯苏-57 战斗机

基本参数	
机长	19.8 米
机高	4.8 米
翼展	14 米
空重	17500 千克
最大速度	2600 千米 / 小时

苏-57 战斗机仰视图

苏-57 战斗机是俄罗斯在未来战术空军战斗复合体（PAK FA）计划下研制的第五代战机，计划于 2020 年开始服役。

•研发历史

2002 年，苏霍伊设计局在融合苏-47 和米格-1.44 这两款战机的技术后，制造出了 T-50 战斗机。T-50 战斗机的研制计划比美国 F-22 战斗机还早 2 年，但由于经费紧缺，其首次试飞时间（2010 年 1 月 29 日）足足落后了 13 年。到 2015 年秋季，T-50 战斗

苏-57 战斗机编队飞行

机的 5 架原型机完成了 700 架次试飞，其中多架原型机都经历了长时间的维修。2017 年 8 月，T-50 战斗机被正式命名为苏-57 战斗机。2018 年 2 月下旬，俄军下令 2 架苏-57 战斗机直接开往叙利亚战场，在实战环境下测试。

苏-57 战斗机背部视角

•机体构造

苏-57 战斗机大量采用复合材料，其重量约占机身总重量的 1/4，覆盖了机身 70% 的表面面积，钛合金占苏-57 机体重量的 3/4。该机的机鼻雷达罩在前部稍微变平，底边为水平。为降低机身雷达反射截面积及气动阻力，苏-57 战斗机的两个内置武器舱以前后配置，置于机身中轴的两个发动机舱之间，长度约 5 米。驾驶舱的设计着重于提高飞行员的舒适性，配备了新型弹射椅和维生系统。

•作战性能

苏-57 战斗机准备起飞

苏-57 战斗机采用优异的气动布局，雷达、光学及红外线特征都较小。从飞机整体布局来看，苏-57 战斗机的机身扁平，显然延续了苏-27 战斗机的升力体设计。加上机翼面积较大，翼载荷较低，因此苏-57 战斗机具备较大的升力系数。另外，其机翼前缘后掠角大于 F-22 战斗机，这显示苏-57 战斗机更重视高速飞行和超音速拦截能力。该机装有 1 门 30 毫米 GSh-301 机炮，并拥有至少 2 个大型武器舱，主要用于装载远程空对空导弹和中程空对空导弹，也可装载空对地导弹和制导炸弹。

No. 15 苏联 / 俄罗斯苏-25 攻击机

基本参数	
机长	15.53 米
机高	4.8 米
翼展	14.36 米
空重	9800 千克
最大速度	975 千米 / 小时

★ 苏-25 攻击机右侧视角

苏-25 攻击机是苏霍伊设计局研制的双发单座亚音速攻击机，主要执行密接支援任务。

● 研发历史

1968 年，苏军提出了新型攻击机的研发计划，要求能在前线 150 千米以内目视攻击敌人的地面目标、直升机和低速飞机，还要求能尽快投产。雅克列夫设计局、伊留申设计局和苏霍伊设计局参加了竞标，最终苏霍伊设计局的方案被选中，其编号为 T-8。1975 年 2 月，苏-25 攻击机的原型机首次试飞。

苏-25 攻击机在高空飞行

1978 年，苏-25 攻击机开始批量生产，但直到 1981 年才形成全面作战能力。苏-25 攻击机曾是苏军的主力攻击机，也在苏联解体后的独联体国家持续服役，并有若干外销版本。

•机体构造

苏-25 攻击机的机翼为悬臂式上单翼，三梁结构，采用大展弦比、梯形直机翼，机翼前缘有 20 度左右的后掠角。机身为全金属半硬壳式结构，机身短粗，座舱底部及四周有 24 毫米厚的钛合金防弹板。机头左侧是空速管，右侧是为火控计算机提供数据的传感器。起落架为可收放前三点式。

苏-25 攻击机仰视图

•作战性能

苏-25 攻击机结构简单，装甲厚重、坚固，易于操作维护，能在靠近前线的简易机场上起降，执行近距战斗支援任务。该机的低空机动性能好，可在装弹情况下与米-24 武装直升机协同，配合地面部队攻击坦克、装甲车和重要火力点等。

苏-25 攻击机装有 1 门 30 毫米双管机炮，机翼下总共有 8 个挂架，可携带 4400 千克空对地武器。苏-25 攻击机的反坦克能力强，机翼下可挂载“旋风”反坦克导弹，射程 10 千米，可击穿 1000 毫米厚的装甲。

苏-25 攻击机在降落时释放减速伞

No. 16 苏联 / 俄罗斯图-95 轰炸机

基本参数	
机长	46.2 米
机高	12.12 米
翼展	50.1 米
空重	90000 千克
最大速度	920 千米 / 小时

★ 图-95 轰炸机左侧视角

图-95“熊”（Bear）轰炸机是图波列夫设计局研制的远程战略轰炸机，1956 年开始服役。该机是世界上唯一服役的大型四涡轮螺旋桨发动机后掠翼远程战略轰炸机，其后期型号至今仍是俄罗斯的主力战略轰炸机。

• 研发历史

图-95 轰炸机于 1951 年开始研制，1954 年第一架原型机首次试飞，首批生产型于 1956 年开始交付使用。早期型生产 300 多架，除用作战略轰炸机之外，还可以执行电子侦察、照相侦察、海上巡逻反潜和通信中继等任务。20 世纪 80 年代中期，图-95 轰炸机又进行了大幅

★ 图-95 轰炸机仰视图

改进并恢复生产，即图-95MS轰炸机。服役至今，图-95轰炸机已走过了60多年的历史，堪称军用飞机中的“老寿星”。

图-95轰炸机正面视角

•机体构造

图-95轰炸机采用后掠机翼，翼上装4台涡轮螺旋桨发动机，每台发动机驱动两个大直径四叶螺旋桨。机身细长，翼展和展弦比都很大，平尾翼和垂直尾翼都有较大的后掠角。机身为半硬壳式全金属结构，截面呈圆形。机身前段有透明机头罩、雷达舱、领航员舱和驾驶舱。后期改进型号取消了透明机头罩，改为安装大型火控雷达。起落架为前三点式，前起落架有两个机轮，并列安装。

•作战性能

图-95轰炸机的动力装置为4台NK-12涡轮螺旋桨发动机，单台功率为11000千瓦。机载武器方面，图-95轰炸机在机尾装有1门或2门23毫米Am-23机炮，并能携挂15000千克的炸弹和导弹，包括可使用20万吨当量核弹头的Kh-55亚音速远程巡航导弹。

图-95轰炸机在高空飞行

No. 17 苏联 / 俄罗斯图-22M 轰炸机

基本参数	
机长	42.4 米
机高	11.05 米
翼展	34.28 米
空重	58000 千克
最大速度	2308 千米 / 小时

★ 图-22M 轰炸机左侧视角

图-22M 轰炸机是图波列夫设计局研制的超音速战略轰炸机，1972 年开始服役。

•研发历史

图-22M 轰炸机的前型图-22“眼罩”轰炸机是苏联第一种超音速轰炸机，性能和航程不是非常令人满意，飞机加满油和装满导弹后，根本无法进行超音速飞行，就算到达目标附近时其速度达到 1.5 马赫，也无法有效规避当时北约的战机和防空导弹的拦截。因此，苏军对此轰炸机并不满意，只是少量装备，并

图-22M 轰炸机降落

责成各设计局开发下一代超音速轰炸机来取代图-16 和图-22。1967 年 11 月，图波列夫设计局的方案被选中，其最终成果就是图-22M 轰炸机。该机于 1969 年 8 月首次试飞，1972 年正式服役。

•机体构造

图-22M 轰炸机的机身为普通半硬壳结构，机翼前的机身截面为圆形。该机最大的特色在于变后掠翼设计，低单翼外段的后掠角可在 20 度 ~ 55 度之间调整，垂直尾翼前方有长长的脊面。在轰炸机尾部设有一个雷达控制的自卫炮塔。起落架为可收放前三点式，主起落架为多轮小车式，可向内收入机腹。

图-22M 轰炸机侧前方视角

•作战性能

图-22M 轰炸机具有核打击、常规攻击以及反舰能力，良好的低空突防性能，使其生存能力大大高于苏联以往的轰炸机。该机是目前世界上列入装备的轰炸机中飞行速度最快的一种，有着无可比拟的巨大威慑力，至今仍是俄罗斯轰炸机部队的主力机型之一。

图-22M 轰炸机的机载设备较新，包括具有陆上和海上下视能力的远距探测雷达。该机装有 1 门 23 毫米双管机炮，机翼和机腹下可挂载 3 枚 Kh-22 空对地导弹，机身武器舱内有旋转发射架，可挂载 6 枚 RKV-500B 短距攻击导弹，也可挂载各型精确制导炸弹，如 69 枚 FAB-250 炸弹或 8 枚 FAB-1500 炸弹。图-22M 轰炸机的动力装置为两台并排安装的大推力发动机，其中图-22M2 型使用的是 HK-22 涡扇发动机，图-22M3 型则使用 HK-25 涡扇发动机。

图-22M“逆火”轰炸机起飞

No. 18 苏联 / 俄罗斯图-160 轰炸机

基本参数	
机长	54.1 米
机高	13.1 米
翼展	55.7 米
空重	118000 千克
最大速度	2000 千米 / 小时

图-160 轰炸机仰视图

图-160 轰炸机是图波列夫设计局研制的可变后掠翼超音速远程战略轰炸机，1987 年开始服役。

•研发历史

20 世纪 70 年代，美国提出了 B-1“枪骑兵”轰炸机的制造计划，得知此消息后，苏联方面也不甘落后，开始筹划类似“枪骑兵”的新型轰炸机。随后，图波列夫设计局参考了“枪骑兵”轰炸机的设计，并融合自身的先进技术设计出了图-160 轰炸机。该机于 1981 年首次试飞，1987 年正式服役。

图-160 轰炸机在高空飞行

苏联解体前，多数图-160 轰炸机布置

在乌克兰境内。据报道，乌克兰从 1999 年底开始将 8 架图-160 轰炸机交给俄罗斯，用于抵偿欠俄罗斯的外债，另外附带 3 架图-95MC 轰炸机和相关地面设施，还有 575 枚巡航导弹。此外，俄罗斯还在缓慢生产新的图-160 轰炸机。

•机体构造

与美国 B-1 轰炸机相比，图-160 轰炸机的体型要大出将近 35%。该机可变后掠翼在内收时呈 20 度角，全展开时呈 65 度角。襟翼后缘加上了双重稳流翼，可以减少翼面上表面与空气接触的面积，降低阻力。除了可变后掠翼之外，还具备可变式涵道，以适应高空高速下的进气方式。由于体积庞大，图-160 轰炸机驾驶舱后方的成员休息区中甚至还设有一个厨房。

★ 图-160 轰炸机左侧视角

•作战性能

图-160 轰炸机与美国 B-1B“枪骑兵”轰炸机非常相似，它是苏联解体前最后一个战略轰炸机计划，同时是世界各国有史以来制造的最重的轰炸机。与 B-1B“枪骑兵”轰炸机相比，图-160 轰炸机不仅体型更大，速度也更快，最大航程也更远。1989 ~ 1990 年，图-160 轰炸机打破了 44 项世界飞行纪录。

图-160 轰炸机没有安装固定武器，弹舱内可载自由落体炸弹、短距攻击导弹或巡航导弹等武器。该机的作战方式以高空亚音速巡航、低空高亚音速或高空超音速突防为主。在高空时，可发射具有火力圈外攻击能力的巡航导弹。进行防空压制时，可发射短距攻击导弹。另外，该机还可低空突防，用核弹或导弹攻击重要目标。

图-160 轰炸机起飞

No. 19 英国 / 法国“美洲豹”攻击机

基本参数	
机长	16.8 米
机高	4.9 米
翼展	8.7 米
空重	7000 千克
最大速度	1699 千米 / 小时

“美洲豹”攻击机右侧视角

“美洲豹”（Jaguar）攻击机是英国和法国联合研制的双发多用途攻击机，单座版为攻击机，双座版为教练机。该机是英国和法国联合研制的第一种战机，也是英国第一种以公制单位设计的飞机。

•研发历史

20 世纪 60 年代初，英国空军开始寻求一种用于替换“蚊蚋”教练机和“猎人”教练机，同时也可当作轻型战术攻击机使用的新型飞机。此时，法国空军也在寻求一种能担负攻击任务的教练机，以取代 T-33 教练机和“教师”教练机，以及用于攻击任务的“超神秘”战斗机、F-84F 战斗机和 F-100 战斗机。1964 年 4 月，

停机坪中的“美洲豹”攻击机

英国与法国达成协议，由英国飞机公司与法国达索航空公司合组欧洲战斗教练和战术支援飞机制造公司（SEPECAT），共同研发“美洲豹”攻击机。1968 年 9 月，第一架原型机首次试飞。1973 年，“美洲豹”攻击机正式服役。

•机体构造

“美洲豹”攻击机具有干净利落的传统上单翼布局，翼面至地面距离很高，便于挂载大型的外部载荷以及提供充裕的作业空间。机翼后掠角 40 度，下反角 3 度。机翼后缘取消了传统的副翼，内侧为双缝襟翼，外侧襟翼前有两片扰流板，低速时与差动尾翼配合进行横向操纵。尾部布局采用梯形垂尾，平尾是单片全动式，有 10 度的下反角。

★“美洲豹”攻击机在高空飞行

•作战性能

虽然“美洲豹”攻击机是由英国和法国合作研发的，但两国在规格与设备方面有较大差异，如英国版使用两台劳斯莱斯 RT172 发动机，法国版使用两台阿杜尔 102 发动机。两种版本都装有 30 毫米机炮，并可挂载 4536 千克导弹和炸弹等武器。

与英国空军此前装备的 F-4“鬼怪”Ⅱ战斗机相比，“美洲豹”攻击机专门为低空飞行做了优化，而且具备精确攻击能力以及在粗糙跑道上起降的能力。不过，“美洲豹”攻击机缺乏全天候作战能力。

法国空军装备的“美洲豹”攻击机

No. 20 英国“勇士”轰炸机

基本参数	
机长	32.99 米
机高	9.8 米
翼展	34.85 米
空重	34491 千克
最大速度	913 千米 / 小时

★“勇士”轰炸机降落

“勇士”（Valiant）轰炸机是英国维克斯·阿姆斯特朗公司研制的战略轰炸机，1955 年开始服役，1965 年退出现役。

●研发历史

1947 年 1 月，英国空军部向英国各大飞机制造商发出了方案征集邀请，目标是研制一种可以和美国、苏联所拥有的同类型战机相媲美的喷气式中程轰炸机。由于汉德利·佩季公司和阿芙罗公司两家提出的方案难分伯仲，于是就作为双保险被一并采纳，这就是日后鼎

航展上的“勇士”轰炸机

鼎大名的“3V 轰炸机”中的两位主力成员:“胜利者”轰炸机和“火神”轰炸机。

然而，另一家竞争者维克斯·阿姆斯特朗公司却不甘心就此放弃，其首席设计师乔治·爱德华兹向英国空军部许诺，维克斯·阿姆斯特朗公司能够在 1951 年交付原型机，1953 年就可以投入批量生产。在更先进的轰炸机服役之前，维克斯·阿姆斯特朗公司完全可以帮助英国空军渡过难关。于是，在“胜利者”轰炸机和“火神”轰炸机之外，英国又有了第三种用途基本相同的轰炸机——“勇士”轰炸机。第一架生产型“勇士”轰炸机在 1953 年 12 月首次试飞，1955 年 1 月交付英国空军使用。

“勇士”轰炸机准备起飞

•机体构造

“勇士”轰炸机采用悬臂式上单翼设计，在两侧翼根处各安装有两台“埃汶”发动机。该机的机翼尺寸巨大，所以翼根的相对厚度被控制在 12%，以利于空气动力学。“勇士”轰炸机的机组成员为 5 人，包括正副驾驶、2 名领航员和 1 名电子设备操作员。所有的成员都被安置在一个蛋形的增压舱内，不过只有正副驾驶员拥有弹射座椅，所以在发生事故或被击落时，其他机组成员只能通过跳伞逃生。

•作战性能

“勇士”轰炸机曾经与“火神”轰炸机和“胜利者”轰炸机一起构成英国战略轰炸机的三大支柱，合称“3V 轰炸机”(三种轰炸机的名称首字母都是 V)。与“胜利者”轰炸机和“火神”轰炸机相比，“勇士”轰炸机的设计比较保守，但作为英国第一种服役的喷气式轰炸机，它仍有不少可取之处，在服役期间也保持了良好的安全记录。

“勇士”轰炸机可以在弹舱内挂载 1 枚 4500 千克的核弹或者 21 枚 450 千克常规炸弹。此外，它还可以在两侧翼下各携带 1 个 7500 升的副油箱，用于增大飞机航程。“勇士”轰炸机的发动机保养和维修比较麻烦，且一旦某台发动机发生故障，很可能会影响到紧邻它的另一台发动机。

停机坪中的“勇士”轰炸机

No. 21 英国“火神”轰炸机

基本参数	
机长	29.59 米
机高	8.0 米
翼展	30.3 米
空重	37144 千克
最大速度	1038 千米 / 小时

★“火神”轰炸机在高空飞行

“火神”（Vulcan）轰炸机是英国阿芙罗公司研制的战略轰炸机，1956 年开始服役，1984 年退出现役。

•研发历史

“火神”轰炸机起源于 1947 年英国空军部的高空远程核打击轰炸机招标，当时阿芙罗公司提交了 698 型方案。由于 698 型符合英国空军部的要求，双方在 1947 年签订了研制合同，内容包括制造一架模型机、几架试验机以及两架原型机。1952 年 8 月，“火神”轰炸机

“火神”轰炸机在低空飞行

第一架原型机首次试飞。1956 年夏季，“火神”轰炸机生产型投入使用。

“火神”轰炸机仰视图

•机体构造

“火神”轰炸机采用三角翼，垂直尾翼较大，没有水平尾翼。发动机为 4 台奥林巴斯 301 型喷气发动机，安装在翼根位置，进气口位于翼根前缘。“火神”轰炸机拥有面积很大的一副悬臂三角形中单翼，前缘后掠角 50 度。机身断面为圆形，机头有一个较大的雷达罩，上方是突出的座舱顶盖。座舱内坐有正副驾驶员、电子设备操作员、雷达操作员和领航员，机头下有投弹瞄准镜。前三点起落架可收入机内，主起落架为四轮小车型。

•作战性能

“火神”轰炸机是英国空军在二战后装备的三种战略轰炸机之一，也是世界上最早的三角翼轰炸机。该机是 20 世纪 60 年代英国战略打击力量的中坚，直到 70 年代还肩负核打击使命。此外，“火神”轰炸机还执行过海上侦察任务，甚至被改装为空中加油机。该机还参加了 1982 年马岛战争，千里奔袭轰炸马岛阿根廷军用机场，创下了多项世界纪录。

“火神”轰炸机的机腹有一个长 8.5 米的炸弹舱，其首要任务是核打击，当然也能实施常规轰炸，通常的挂载方案是 21 枚 450 千克炸弹，挂载在弹舱内的三个串列挂架上，投弹时交错投放以保持重心平衡。执行核打击任务时，“火神”轰炸机可挂载“蓝色多瑙河”“紫罗兰俱乐部”“黄日”和“红胡子”等核弹。

“火神”轰炸机降落

No. 22 英国“胜利者”轰炸机

基本参数	
机长	35.05 米
机高	8.57 米
翼展	33.53 米
空重	40468 千克
最大速度	1009 千米 / 小时

★“胜利者”轰炸机左侧视角

“胜利者”（Victor）轰炸机是英国汉德利 · 佩季公司研制的四发战略轰炸机，1958 年开始服役，1993 年退出现役。

研发历史

“胜利者”轰炸机正面视角

汉德利 · 佩季公司曾在二战中成功推出“哈利法克斯”轰炸机，战争结束后，汉德利 · 佩季公司开始将目光投向新式的先进轰炸机，英国空军部对此颇感兴趣。1949 年，英国空军部与汉德利 · 佩季公司签订了原型机研制合同，共制造两架原型机。在汉德利 · 佩季公司内部，最初的设计编号为 HP.75，后发展成 HP.80，最后定名为“胜利者”轰炸机。该机于 1952 年 12 月 24 日首次试飞，1958 年 4 月开始服役。

“胜利者”轰炸机起飞

•机体构造

“胜利者”轰炸机采用月牙形机翼和高水平尾翼布局，四台发动机装于翼根，采用两侧翼根进气。由于机鼻雷达占据了机鼻下部的非密封隔舱，座舱一直延伸到机鼻，提供了更大的空间和更佳的视野。该机的机身采用全金属半硬壳式破损安全结构，中部弹舱门用液压方式开闭，尾锥两侧是液压操纵的减速板。尾翼为全金属悬臂式结构，采用带上反角的高水平尾翼，以避开发动机喷流的影响。垂直尾翼和水平尾翼前缘均用电热除冰。

•作战性能

作为“3V 轰炸机”最后服役的型号，“胜利者”轰炸机的弹舱容积比“勇士”轰炸机和“火神”轰炸机更大，提供了更好的传统武器搭载能力与特殊弹药搭载弹性。

“胜利者”轰炸机没有固定武器，可在机腹下半埋式挂载 1 枚“蓝剑”核弹，或在弹舱内装载 35 枚 454 千克常规炸弹，也可在机翼下挂载 4 枚美制“天弩”空对地导弹（机翼下每侧 2 枚）。

“胜利者”轰炸机右侧视角

No. 23 法国“幻影”Ⅲ战斗机

基本参数	
机长	15.03 米
机高	4.5 米
翼展	8.22 米
空重	7050 千克
最大速度	2350 千米 / 小时

★“幻影”Ⅲ战斗机在高空飞行

“幻影”Ⅲ（Mirage Ⅲ）战斗机是法国达索航空公司研制的单发单座战斗机，主要任务是截击和制空，也可用于对地攻击。

• 研发历史

20世纪50年代初，世界各主要空军强国已经进入喷气式时代，法国空军迫切希望能装备一种国产战斗机。为此，法国政府要求国内航空企业研制一种全天候的轻型拦截机。达索航空公司参与投标的机型为“神秘－三角550”，该机几经改进后定名为“幻影”Ⅲ战斗机。

“幻影”Ⅲ战斗机编队飞行

原型机于 1956 年 11 月首次试飞，生产型于 1958 年 5 月首次试飞，并于 1958 年 10 月第 35 次试飞时达到 2 马赫的速度，成为第一架速度达 2 马赫的欧洲战斗机。1961 年，“幻影”Ⅲ战斗机进入法国空军服役。除法国外，“幻影”Ⅲ战斗机还出口到阿根廷、巴西、埃及、以色列、南非和瑞士等国家。

●机体构造

“幻影”Ⅲ战斗机采用后掠角 60 度的三角翼，取消了水平尾翼。尖锐的机头罩内装有搜索截击雷达天线，机身采用“面积律”设计，进气口采用机身侧面形式，为半圆形带锥体。机翼装有锥形扭转盒，靠近机翼前缘处有铰接在上下翼面上的小型扰流片。“幻影”Ⅲ战斗机采用可收放式前三点起落架，主轮和前轮均为单轮。座舱盖以铰链形式连接，向后打开，座舱内装有马丁 · 贝克公司生产的弹射座椅。达索航空公司认为战斗机在高强度的空战中可靠性将是影响作战性能的最大因素，为此“幻影”Ⅲ战斗机的空调系统和液压系统均采用双套备用系统。

“幻影”Ⅲ战斗机右侧视角

●作战性能

“幻影”Ⅲ战斗机最初被设计成截击机，之后发展成兼具对地攻击和高空侦察能力的多用途战机。该机的固定武器为 2 门 30 毫米机炮，另有 7 个外挂点，可挂载空对空导弹、空对地导弹、空对舰导弹或炸弹等武器。与同时期其他速度达到 2 马赫的战斗机相比，“幻影”Ⅲ战斗机具有操作简单、维护方便的优点。

“幻影”Ⅲ战斗机起飞

No. 24 法国“幻影”2000 战斗机

基本参数	
机长	14.36 米
机高	5.2 米
翼展	9.13 米
空重	16350 千克
最大速度	2530 千米 / 小时

★“幻影”2000 战斗机在高空飞行

“幻影”2000（Mirage 2000）战斗机是法国达索航空公司研制的单发、轻型、多用途战斗机，1982 年开始服役。

•研发历史

“幻影”2000 战斗机右侧视角

从 20 世纪 70 年代开始，达索航空公司就在研究轻型、简单战斗机的方案，所以法国政府提出研制新型“幻影”战斗机的要求时，达索航空公司立即拿出了设计方案，并很快获得了政府的批准和投资。新型“幻影”战斗机由“幻影”Ⅲ战斗机改良而来，第一架原型机于 1978 年 3 月首次试飞，1982 年 11 月开始在法国空军服役，命名为“幻影”2000 战斗机。在“阵风”战斗机服役之前，“幻影”2000 战斗机是法国空军主力战斗机之一，还外销到多个国家和地区，包括埃及、希腊、印度、秘鲁、卡塔尔、巴西、阿联酋等。

★“幻影”2000 战斗机后方视角

机体构造

“幻影”2000 战斗机是法国第一种第四代战斗机，也是第四代战斗机中唯一采用不带前翼的三角翼的飞机，这是一种独树一帜的设计。得益于航空技术的发展，“幻影”2000 战斗机不仅延续了无尾三角翼布局的优点，还解决了这种布局的一些局限性。

“幻影”2000 战斗机采用的三角翼布局是比较理想的展弦比小的气动方案，有利于减小弯矩。翼根处的绝对厚度大，不仅利于减轻机翼结构重量，便于制造，而且强度较高。三角翼的可用容积大，便于装燃油、起落架及各种设备。为了解决三角翼起飞着陆性能不佳、滑跑距离长等问题，“幻影”2000 战斗机采用了放宽静稳定度的方案，即其气动压力小心靠近飞机的重心，使飞机在一定条件下会处于不稳定状态，并采用电传操纵来解决这种新方案的操纵问题。为减轻结构重量，“幻影”2000 战斗机广泛采用了碳纤维、硼纤维等复合材料，复合材料的重量占飞机总重的 7% 左右。

作战性能

“幻影”2000 战斗机可执行全天候、全高度、全方位远程拦截任务，全机共有 9 个外挂点，其中 5 个在机身下，4 个在机翼下。单座型号还装有 2 门 30 毫米德发机炮，每门备弹 125 发。

“幻影”2000 战斗机的动力装置为一台斯奈克玛 M53 单轴式涡轮风扇发动机，其结构简单，由 10 个可更换的单元体组成，易于维护。由于 M53 发动机的推重比不高、推力不足，所以“幻影”2000 战斗机的水平加速性能和爬升性能并不突出，但低速性能较为出色。

“幻影”2000 战斗机起飞

No. 25 法国“阵风”战斗机

基本参数	
机长	15.27 米
机高	5.34 米
翼展	10.8 米
空重	9500 千克
最大速度	2130 千米 / 小时

“阵风”战斗机仰视图

“阵风”（Rafale）战斗机是法国达索航空公司研制的双发多用途战机，主要使用者为法国空军和法国海军，此外还出口到埃及、印度和卡塔尔等国家。

•研发历史

20 世纪 70 年代，法国空军及海军开始寻求新战机。为节约成本，法国尝试加入欧洲战机计划，与其他国家共同研发，但因对战机功能要求差别过大，最终法国决定独资研发，其成果就是“阵风”战斗机。1986 年 7 月，“阵风”战斗机的原型机首次试飞。2000 年 12 月 4 日，“阵风”

★ 法国空军使用的“阵风”B 型双座战斗机

战斗机正式服役。原本法国军队计划采购 292 架“阵风”战斗机（空军 232 架，海军 60 架），但后来减少了采购数量。2015 年，“阵风”战斗机取得了来自埃及（24 架）与印度（36 架）的订单。之后，卡塔尔也购买了 24 架“阵风”战斗机。

法国空军使用的“阵风”C 型单座战斗机

•机体构造

“阵风”战斗机采用三角翼，加上近耦合前翼（主动整合式前翼），以及先天不稳定气动布局，以达到高机动性，同时保持飞行稳定性。机身为半硬壳式，前半部分主要使用铝合金制造，后半部分则大量使用碳纤维复合材料。该机的进气道位于下机身两侧，可有效改善进入发动机进气道的气流，从而提高大迎角时的进气效率。起落架为前三点式，可液压收放在机体内部。

•作战性能

“阵风”战斗机属于第四代半战斗机，其主要优势在于多用途作战能力。它是一款能力全面、性能比较均衡的中型战斗机，既能空中格斗，又能对地攻击，还能作为舰载机，甚至可以投掷核弹。在世界各国中，真正属于“阵风”战斗机这样的“全能通用型战斗机”的新型战机并不多。

满载武器的“阵风”战斗机

“阵风”战斗机共有 14 个外挂点（海军型为 13 个），其中 5 个用于加挂副油箱和重型武器，总外挂能力在 9000 千克以上，所有型号的“阵风”战斗机都有 1 门 30 毫米机炮，最大射速为 2500 发 / 分钟。“阵风”战斗机有着非常出色的低速可控性，降落速度可低至 213 千米 / 小时。

No. 26 法国“幻影”Ⅳ轰炸机

基本参数	
机长	23.49 米
机高	5.4 米
翼展	11.85 米
空重	14500 千克
最大速度	2340 千米 / 小时

停放在跑道上的“幻影”Ⅳ轰炸机

“幻影”Ⅳ（Mirage Ⅳ）轰炸机是法国达索航空公司研制的双发超音速战略轰炸机，1964 年 10 月开始服役，1996 年退出现役。

•研发历史

1956 年，法国为建立独立的核威慑力量，在优先发展导弹的同时，也由空军负责组织研制一种能携带原子弹执行核攻击的轰炸机。南方飞机公司和达索航空公司展开了竞争，前者推出了轻型轰炸机“秃鹰”Ⅱ的改进型“超秃鹰”4060 轰炸机，后者研制“幻影”Ⅲ

博物馆中的“幻影”Ⅳ轰炸机

战斗机的发展型“幻影”Ⅳ轰炸机。法国空军最后选中了“幻影”Ⅳ轰炸机。

“幻影”Ⅳ轰炸机可以说凝聚了当时法国航空工业的精华，在此前法国从来没有生产过如此先进的武器，仅仅只是在战斗机研制和生产上有所心得。法国航空工业充分发挥潜力，创造了一项世界纪录，直接将战斗机放大来设计轰炸机。在成本上，“幻影”Ⅳ轰炸机的机体原材料占总费用的 6.5%，加工工时占 26%，发动机占到 17%，而电子设备则占了 50.5%。“幻影”Ⅳ轰炸机于 1959 年 6 月 17 日首次试飞，1964 年 10 月 1 日开始服役。

“幻影”Ⅳ轰炸机仰视图

• 机体构造

“幻影”Ⅳ轰炸机沿用了“幻影”系列传统的无尾大三角翼的布局，机翼为全金属结构的悬臂式三角形中单翼，前缘后掠角为 60 度，主梁与机身垂直，后缘处有两根辅助梁，与前缘大致平行。机身为全金属半硬壳式结构，机头前端是空中加油受油管。机身前端下方是前起落架舱，起落架为液压收放前三点式，前起落架为双轮，可操纵转向，向后收入机身。主起落架采用四轮小车式，可向内收入机身。

• 作战性能

“幻影”Ⅳ轰炸机主要用于携带核弹或核巡航导弹高速突破防守，攻击敌方战略目标。该机体型较小，堪称世界上最小巧的超音速战略轰炸机。“幻影”Ⅳ轰炸机基本型的主要武器为半埋在机腹下的 1 枚 AN-11 或 AN-22 核弹，或 16 枚 454 千克常规炸弹，或 1 枚 ASMP 空对地核打击导弹。

法国空军基地中的“幻影”Ⅳ轰炸机

虽然“幻影”Ⅳ轰炸机装备时间比美国和苏联的同类型飞机（如美国 B-58“盗贼”轰炸机、苏联图 -22“眼罩”轰炸机）服役时间稍晚，但都属于同一时代背景下的产物。B-58 轰炸机在航程和载弹量上都不符合美国的核战略思想，所以很快就被撤装了。因此在 20 世纪 60 ~ 70 年代，西方国家只有“幻影”Ⅳ轰炸机能在质量和技术上与图 -22 轰炸机相抗衡，并且各项指标及性能都远在它之上。

No. 27 欧洲“狂风”战斗机

基本参数	
机长	16.72 米
机高	5.95 米
翼展	13.91 米
空重	13890 千克
最大速度	2417 千米 / 小时

德国空军装备的“狂风”战斗机

“狂风”（Tornado）战斗机是由德国、英国和意大利联合研制的双发双座战斗机，主要依功能分成三种型号：IDS（对地攻击）、ADV（防空截击）、ECR（电子战 / 侦察）。

•研发历史

1969 年 3 月，英国、德国、意大利和荷兰合资成立了帕那维亚飞机公司，决定研发一种可以实施战术攻击、侦察、防空和海上攻击的新飞机。由于飞机开发计划过于复杂，荷兰在 1969 年 7 月退出了计划，而英国、德国和意大利仍继续研发新飞机。1970 年，新飞机正

“狂风”战斗机准备起飞

式开始研制工作，1972 年完成结构设计，1974 年 8 月首次试飞，1974 年 9 月命名为“狂风”战斗机。1979 年，“狂风”战斗机正式服役。

“狂风”战斗机在高空飞行

机体构造

“狂风”战斗机采用全金属半硬壳结构的机体，机翼为可变后掠悬臂式上单翼，截面尺寸较大的机身具有很大的内部空间，在机身中段上方还有高强度的中央翼盒和转轴机构。机体结构上以铝合金为主，部分采用了合金钢，在高受力的中央翼盒和机翼转轴部位应用了高强度的钛合金，复合材料应用范围不大，主要用在机翼的密封带和减速板上。为了提高对电子系统的维护和保养能力，机头的雷达天线罩可以向侧面打开，雷达天线也可以折转，前机身侧面设计有大开口以便对航空电子设备进行检测。

作战性能

为了满足多方面的战术要求，“狂风”战斗机在设计上利用了多项当时最先进的航空技术。在标准平台上“一机多型”的设计方法，虽然扩展了“狂风”战斗机的应用范围，但是这样的设计手段与几乎同时开始的第三代战斗机的设计思想完全不同。在规格和战斗力上，“狂风”战斗机与法国“幻影”系列战斗机和苏联 / 俄罗斯米格 -23/27 系列战斗机的差距较大。

“狂风”战斗机有多个型号，其武器也各不相同。该机的固定武器通常是 1 门 27 毫米毛瑟 BK-27 机炮，备弹 180 发。机身和机翼下的 7 个挂架可根据需要挂载各种导弹、炸弹和火箭弹等，包括 AIM-9 空对空导弹、AIM-132 空对空导弹、AGM-65 空对地导弹、“暴风影”巡航导弹、“铺路”系列制导炸弹、B61 核弹等。“狂风”战斗机的机身设置有大量的检查口盖，全机开口率较高，可以方便在设施简单的野战机场对飞机进行地面维护和保养。

“狂风”战斗机尾部视角

No. 28 欧洲"台风"战斗机

基本参数	
机长	15.96 米
机高	5.28 米
翼展	10.95 米
空重	11000 千克
最大速度	2495 千米 / 小时

"台风"战斗机在高空飞行

"台风"（Typhoon）战斗机是英国、德国、意大利和西班牙联合研制的一种双发多用途战斗机，2003 年开始服役。

•研发历史

"台风"战斗机编队飞行

1983 年，英国、法国、德国、意大利和西班牙五国开始了未来欧洲战机计划。因意见不合，法国转而发展自己的"阵风"战斗机。首架原型机于 1992 年 5 月出厂，1994 年 3 月首次试飞，生产型于 2000 年交付。2003 年，"台风"战斗机正式服役。该机主要装备英国、法国、德国、意大利四国的空军，另有部分出口到沙特阿拉伯、奥地利、科威特、阿曼、卡塔尔等国家。

•机体构造

“台风”战斗机采用鸭式三角翼无尾式布局，矩形进气口位于机身下。这一布局使得其具有优秀的机动性，但是隐身能力则相应被削弱。该机广泛采用碳纤维复合材料、玻璃纤维增强塑料、铝锂合金、钛合金和铝合金等材料制造，复合材料占全机比例约 40%。“台风”战斗机的动力装置为两台欧洲喷气涡轮公司的 EJ200 涡扇发动机，性能非常出色。

★“台风”战斗机仰视图

•作战性能

“台风”战斗机便于组装，航空电子设备先进，堪称当代欧洲航空科技的集中体现。与其他同级战机相比，“台风”战斗机驾驶舱的人机界面高度智能化，可以有效减少飞行员的工作量，提高作战效能。作为第四代半战斗机中的佼佼者，“台风”战斗机是世界上少数可以在不开后燃器的情况下超音速巡航的量产战斗机之一。不过，“台风”战斗机仅具备局部隐身能力，能被雷达和红外线侦测。

“台风”战斗机不仅空战能力较强，还拥有不错的对地作战能力，可使用各种精确对地武器。该机装有 1 门 27 毫米 BK-27 机炮，13 个外挂点可以挂载 9000 千克武器，包括 AIM-9“响尾蛇”导弹、AIM-120 导弹、AIM-132 导弹、ALARM 导弹、“金牛座”导弹、“铺路”系列制导炸弹等。

★“台风”战斗机准备起飞

No. 29 意大利 / 巴西 AMX 攻击机

基本参数	
机长	13.23 米
机高	4.55 米
翼展	8.87 米
空重	6700 千克
最大速度	914 千米 / 小时

★ AMX 攻击机右侧视角

AMX 攻击机是意大利和巴西联合研制的单发单座轻型攻击机，能够执行战场遮断、近距空中支援和侦察任务。

•研发历史

AMX 攻击机起飞

1977 年 6 月，意大利空军发出了一纸标书，希望开发菲亚特 G.91 战斗机和洛克希德 F-104 战斗机的替代机型，以完成攻击和侦察任务。与此同时，巴西空军也对新的轻型战术飞机感兴趣，并为此进行了 A-X 计划，但巴西政府无力单独承担发展所需的费用。由于共同的需求，1981 年 3 月巴西政府与意大利政府签署了一份联合规格书，制订了新飞机的性能指标。

AMX 攻击机的生产商为 AMX 国际公司，该公司由意大利阿莱尼亚航空工业公司、巴西航空工业公司和意大利马基公司合资成立，三家公司分别占股 46.7%、29.7% 和 23.6%。1984 年 5 月 15 日，AMX 攻击机的第一架原型机首次试飞。1989 年 5 月 11 日，意大利空军接收了第一架 AMX 攻击机用于测试。

AMX 攻击机在高空飞行

•机体构造

AMX 攻击机采用常规布局，有一对前缘后掠角 27.5 度的后掠矩形上单翼和后掠水平尾翼。机翼配备了全翼展前缘襟翼，副翼内侧是面积很大的双缝富勒襟翼，机翼上表面还配备了两块扰流板，可作为气动刹车使用。该机的一大特点就是全机的高冗余度：电气、液压和电子设备几乎都采用双重体制。除了垂直尾翼和升降舵是复合材料外，AMX 攻击机绝大部分结构材料采用普通航空铝合金。

•作战性能

AMX 攻击机以其简洁、流畅、高效的设计，以及其尺寸和作战能力而被冠以“口袋狂风”的绰号。该机能够全天候执行低空高亚音速突防任务，并能在简易机场和跑道受损的情况下顺利起降。在服役期间，AMX 攻击机得到了相当高的评价：飞行员喜欢它出色的操纵性和卓越的座舱视野，而地勤人员也对它良好的可维护性赞誉有加。

AMX 攻击机仰视图

AMX 攻击机主要用于近距空中支援、对地攻击、对海攻击及侦察任务，并有一定的空战能力。该机的动力装置为一台劳斯莱斯“斯贝”Mk 807 发动机，意大利版装有 1 门 20 毫米 M61A1 机炮，巴西版装有 1 门 30 毫米“德发”机炮，两种版本都可携带空对空导弹。

No. 30 瑞典 JAS 39“鹰狮”战斗机

基本参数	
机长	14.1 米
机高	4.5 米
翼展	8.4 米
空重	6620 千克
最大速度	2204 千米 / 小时

“鹰狮”战斗机在高空飞行

JAS 39“鹰狮”（Gripen）战斗机是瑞典萨博公司研制的单座全天候战斗机，“JAS”是瑞典语中“对空战斗”“对地攻击”和“侦察”的缩写。

•研发历史

“鹰狮”战斗机的研发历史最早可以追溯到 1980 年，当时它作为 Saab-37 战斗机的后继机型开始研发。瑞典情报部门预测，在“鹰狮”战斗机的服役过程中，苏联的苏-27 战斗机是它可能遇到的最大的威胁。由于苏联距瑞典的最近点只有 200 千米，所以“鹰狮”战斗机没有必要设计成为一种大型的双发飞机。1988 年

“鹰狮”战斗机编队飞行

12 月 9 日，“鹰狮”战斗机的试验机完成首飞，之后因操控系统缺陷导致生产计划大幅延迟。1997 年 11 月，“鹰狮”战斗机正式服役。

•机体构造

“鹰狮”战斗机采用鸭翼（前翼）与三角翼组合而成的近距耦合鸭式布局，机身广泛采用复合材料。三角翼带有前缘襟翼和前缘锯齿，全动前翼位于矩形涵道的两侧，没有水平尾翼。机翼和前翼的前缘后掠角分别为 45 度和 43 度。座舱盖为水滴形，采用单片式曲面风挡玻璃。座椅向后倾斜 28 度，类似美国 F-16 战斗机。可收放前三点式的主起落架为单轮式，向前收入机舱。可转向前起落架为双轮式，向后旋转 90 度平放入机身下部。

“鹰狮”战斗机左侧视角

•作战性能

“鹰狮”战斗机属于第四代半战斗机，作战效能高，造价相对便宜，“鹰狮”战斗机的出厂成本只有“台风”战斗机或“阵风”战斗机的 1/3，但同样具有良好的机敏性和较小的雷达截面。此外，较小的机身也降低了飞机的耗油率。

“鹰狮”战斗机优秀的气动性能使其能在所有高度上实现超音速飞行，并具备较强的短距起降能力。该机的固定武器是 1 门 27 毫米机炮，机身 7 个外挂点可以挂载 AIM-9 空对空导弹、“魔术”空对空导弹、AIM-120 空对空导弹、AGM-65 空对地导弹、GBU-12 制导炸弹、Bk 90 集束炸弹等武器。

满载武器的“鹰狮”战斗机

No. 31 印度“光辉”战斗机

基本参数	
机长	13.2 米
机高	4.4 米
翼展	8.2 米
空重	6560 千克
最大速度	2205 千米 / 小时

“光辉”战斗机右侧视角

“光辉”（Tejas）战斗机是印度斯坦航空公司研发的轻型战斗机，开发项目源于印度的轻型作战飞机（Light Combat Aircraft，LCA）计划。

• 研发历史

满载武器的“光辉”战斗机

20 世纪 80 年代初，巴基斯坦从美国获得了先进的 F-16 战斗机。为此，印度决心要研制一种全新的作战飞机，性能上全面超越 F-16 战斗机。1983 年，印度 LCA 计划正式上马，后来该计划被正式命名为“光辉”。虽然包括发动机在内的关键部件都从国外引进，但受印度国力及航空科技水平的限制，“光辉”战斗机研制工作的进展非常缓慢。直至 2001 年 1 月 4 日首架试验机升空，印度已耗资约 6.75 亿美元。2015 年 1 月，“光辉”战斗机正式服役，整个项目耗资超过 10 亿美元。

“光辉”战斗机左侧视角

•机体构造

“光辉”战斗机很大程度上参考了法国“幻影”2000 战斗机的设计，采用无水平尾翼的大三角翼布局。机身采用了铝锂合金、碳纤维复合材料和钛合金钢制造，复合材料有效地降低了飞机重量，也可以减少机身铆钉的数量，增加飞机的可靠性和降低其因结构性疲劳而产生裂痕的风险。最初印度打算整体的航空电子设备均由本国生产，但最终仅有 60% 的部件实现国产。“光辉”战斗机采用了先进的四余度数字线传飞行控制系统，具备极佳的可靠性和灵敏性，大大减轻了飞行员的处理负担。

•作战性能

“光辉”战斗机的气动外形经过广泛的风洞试验和复杂的计算机分析，能够在确保战斗机轻盈小巧的同时，最大限度地减少操纵面，扩大外挂的选择性，增强近距缠斗的能力，同时继承了无尾三角翼优秀的短距起降能力。虽然这种气动外形在一定程度上牺牲了高速性能，但印度军方认为，现代空战强调的是高机动性以及超视距打击能力，没有必要追求更快的飞行速度。

“光辉”战斗机装有 1 门 23 毫米 GSh-23 机炮（备弹 220 发），8 个外部挂架可挂载 3500 千克导弹、炸弹或火箭弹等武器，也可挂载航空燃油、电子吊舱或侦察吊舱。

“光辉”战斗机在高空飞行

No. 32 日本 F-2 战斗机

基本参数	
机长	15.52 米
机高	4.96 米
翼展	11.13 米
空重	9527 千克
最大速度	2469 千米 / 小时

★ F-2 战斗机在高空飞行

F-2 战斗机是日本航空自卫队现役的主要战斗机种之一，也是接替 F-1 战斗机任务的后继机种，有“平成零战”之称。

●研发历史

1987 年 11 月，日本和美国签订协议，由日本政府出资，以美国 F-16 战斗机为样本，共同研制一种适用于日本国土防空的新型战斗机。最初这种飞机被称为 FS-X，后来正式定名为 F-2 战斗机。1995 年 10 月，首批 4 架原型机开始试飞。F-2 战斗机原本计划于 1999

F-2 战斗机俯视图

年服役，但因试飞期间机翼出现断裂事故而推迟到 2000 年。

F-2 战斗机左侧视角

机体构造

F-2 战斗机是以美国 F-16C/D 战斗机为蓝本设计的战斗机，其动力设计、外形和武器等方面都吸取了后者的不少优点。不过，为了突出日本国土防空的特点，F-2 战斗机又进行了多处改进：加长了机身，重新设计了雷达罩，集成了先进的电子设备（包括主动相控阵雷达、任务计算机、惯性导航系统以及集成电子武器系统等），加长了座舱，增加了机翼面积并采用了单块复合材料结构，机翼前缘采用了雷达吸波材料，在机身和尾部应用了先进的复合材料和先进的结构技术，加装了阻力伞。F-2 战斗机的机身截面基本与 F-16 战斗机相同，但为增加内部容量，稍稍增加了机身中段长度。

作战性能

F-2 战斗机降落

F-2 战斗机属于第四代战机改进型，即第四代半战机。该机是世界上较早配备机载主动相控阵雷达的战斗机，其 J/APG-1 相控阵雷达由日本国内独立研制生产，因日本在软件整合能力方面的欠缺，这种雷达在服役初期因性能不稳定而饱受诟病，在改进为 J/APG-2 型后才有所改观。F-2 战斗机最初的主要任务为对地与反舰等航空支援任务，因此航空自卫队将其划为支援战斗机。换装 J/APG-2 相控阵雷达后，F-2 战斗机凭借先进的电子战系统和雷达，在空对空作战中也有不错的表现。

F-2 战斗机装有 1 门 20 毫米 JM61A1 机炮，位于左侧翼根，可携弹 512 发。此外，还可挂载 8085 千克外挂武器，包括 AIM-7F/M“麻雀”中程空对空导弹、AIM-9L“响尾蛇”近程空对空导弹、AAM-3 近程空对空导弹、GCS-1 制导炸弹、自由落体通用炸弹、JLAU-3 多管火箭弹、RL-4 多管火箭弹、ASM-1 反舰导弹和 ASM-2 反舰导弹等。

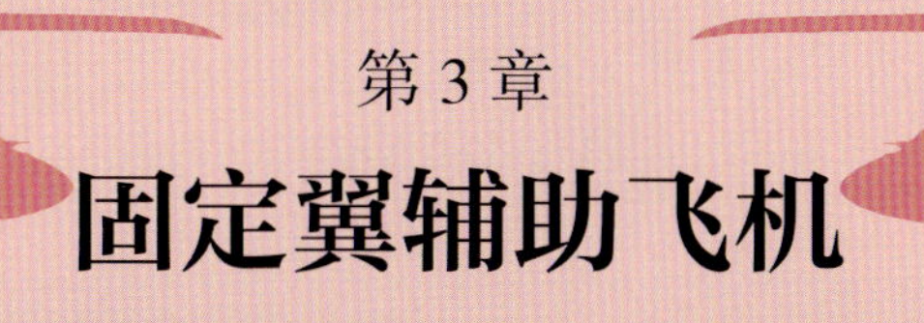

第 3 章

固定翼辅助飞机

固定翼辅助飞机是为战斗机、攻击机、轰炸机等作战飞机提供各种技术支援的固定翼军用飞机，包括侦察机、预警机、电子战飞机、运输机、空中加油机等。

No. 33 美国 C-130“大力神”运输机

基本参数	
机长	29.8 米
机高	11.6 米
翼展	40.4 米
空重	34400 千克
最大速度	592 千米 / 小时

C-130 运输机在海上飞行

C-130“大力神”（Hercules）运输机是美国洛克希德公司研制的四发中型战术运输机，是美国最成功、最长寿和生产数量最多的现役运输机。

●研发历史

C-130 运输机于 1951 年开始研制，1954 年首次试飞，1956 年进入美国空军服役。该机能够高空高速飞行，航程较大，而且能够在前线野战跑道上起降。C-130 系列运输机仍在继续生产，并有多种改进型号，截至 2020 年 2 月总产量已经超过 2500 架。除美国空军

美国空军装备的 C-130 运输机

外，C-130运输机还被其他50多个国家的军队采用。目前，美国空军装备的C-130运输机为E型、H型和J型。

机体构造

C-130运输机采用上单翼、四发动机、尾部大型货舱门的机身布局，这一布局奠定了二战后美国中型运输机的设计标准。C-130运输机的货舱门采用了上下两片开启的设计，能在空中开闭。在空中舱门放下时是一个很好的货物空投平台，尤其是掠地平拉空投的时候，在地面又是一个很好的装卸坡道。该机的动力装置为4台T56-A-15发动机，单台功率为3660千瓦。

C-130运输机仰视图

作战性能

C-130运输机是美国设计最成功、使用时间最长和生产数量最多的现役运输机，在美国战术空运力量中占有核心地位，同时也是美国战略空运中重要的辅助力量。C-130运输机的型号众多，以C-130H型为例，其载重量可达19870千克。该机起飞仅需1090千米的跑道，着陆距离约为518米，可在前线简易机场跑道上起降，向战场运送或空投军事人员和装备，返航时可用于伤员撤退。C-130运输机还有许多衍生型，可执行多种任务，包括电子监视、空中指挥、搜索救援、空中加油、气象探测、海上巡逻及空中预警等。

C-130运输机准备起飞

No. 34 美国 C-141“运输星”运输机

基本参数	
机长	51.3 米
机高	12 米
翼展	48.8 米
空重	65542 千克
最大速度	912 千米 / 小时

★ C-141 运输机在高空飞行

C-141“运输星”（Starlifter）运输机是美国洛克希德公司研制的四发战略运输机，1965 年 4 月开始服役，2006 年退出现役。

•研发历史

1963 年 12 月 17 日，C-141 运输机首次试飞。1965 年 4 月，基本型 C-141A 正式服役，首批定货 127 架。1967 年由于越南战争的需要曾两次追加订货，使总订货数达到 279 架，1982 年 2 月交付完毕后停产。为提高 C-141 运输机的航程，洛克希德公司又在 C-141A 的基础上加装

低空飞行的 C-141 运输机

了空中加油设备，并重新命名为 C-141B。C-141B 于 1979 年开始服役，到 1986 年，所有的 C-141A 都改进成了 C-141B。2006 年 5 月，美国空军将最后一架 C-141 运输机送往美国空军国家博物馆，从而结束了它的服役生涯。在 40 多年的服役期里，C-141 运输机执行了 1060 万小时飞行任务。

• 机体构造

C-141 运输机在肩部安装后掠翼，翼下吊挂 4 台普惠 TF33-P-7 涡扇发动机，单台推力为 90.1 千牛。该机拥有 T 形尾翼，收放式起落架可以收入整流罩。C-141 运输机的主要机载设备包括无线电罗盘、ARN-21“塔康”导航、ASN-35 多普勒雷达、高频和甚高频无线电通信设备等。

C-141 运输机仰视图

• 作战性能

C-141 运输机是世界上第一种完全为货运设计的喷气式飞机，也是第一种使用涡扇发动机的大型运输机。作为美国空军主力战略运输机之一，C-141 运输机的货舱空间虽然比不上后来出现的 C-5 运输机和 C-17 运输机，但也能轻松装载长达 31 米的大型货物。

C-141 运输机的货舱设计对于工作人员来说相当方便。在运送车辆、小型飞机等带有轮子的货物时，工作人员可以使用平坦的货舱地板，也可以快速更换成带有滚轴的地板，方便装卸箱装货物等。在运送人员的时候，C-141 运输机可以在舱壁上加装临时座椅，也可以在地板上加装座椅。C-141 运输机的固定机组乘员为 5 人，正副驾驶员各 1 名、飞行工程师 2 名、装卸员 1 名。该机可以一次运载 208 名全副武装的地面部队士兵，或 168 名携带全套装备的伞兵。此外，C-141 运输机还可以运送“民兵”弹道导弹。

停机坪上的 C-141 运输机

No. 35 美国 C-5“银河”运输机

基本参数	
机长	75.31 米
机高	19.84 米
翼展	67.89 米
空重	172370 千克
最大速度	932 千米 / 小时

★ C-5 运输机在高空飞行

C-5“银河”（Galaxy）运输机是美国洛克希德公司研制的大型战略运输机，1970 年 6 月开始服役。

•研发历史

C-5 运输机仰视图

20 世纪 60 年代，美国空军使用的 C-133 与 C-124 运输机虽然还能够满足陆军的需求，可是已经接近寿命周期的尾声，而较新的 C-141 运输机也无法有效地胜任运输任务。1961 年 10 月，美国军事空运勤务司令部提出取代 C-133 运输机的需求，由空军规划设计案。1962 年负责研发的空军系统司令部根据他们的研究和预测推出 CX-X 计划，1964 年这项计划正式改名为 C-5。该机于 1968 年 6 月首次试飞，1970 年 6 月正式服役。

•机体构造

C-5 运输机采用悬臂式上单翼，机身为半硬壳式破损安全结构。尾翼为 T 形，机翼下有 4 台涡扇发动机，单台推力高达 191 千牛。该机的货舱为头尾直通式，起落装置拥有 28 个轮胎，能够降低机身，使货舱的地板与汽车高度相当，以方便装卸车辆。机头和后舱门都可以完全打开，以便快速装卸物资。

机头打开后的 C-5 运输机

•作战性能

C-5 运输机是美国空军现役最大的战略运输机，能够在全球范围内运载超大规格的货物，并在相对较短的距离里起飞和降落。该机几乎可以装载美军的全部战斗装备，包括巨大的重达 74 吨的移动栈桥，从美国到达全球大部分战场。

C-5 运输机的载重量可达 122 吨，货仓容积：上层货仓为 30.19 米 × 4.2 米 × 2.29 米，下层货仓为 36.91 米 × 5.79 米 × 4.11 米。该机的机翼内有 12 个内置油箱，能够携带 194370 升燃油。C-5 运输机可以随时满载全副武装的战斗部队（包括主战坦克）到达全球的大多数地方，或为战斗中的部队提供野外支援。

C-5 运输机准备起飞

No. 36 美国 C-17“环球霸王”Ⅲ运输机

基本参数	
机长	53.04 米
机高	16.79 米
翼展	51.81 米
空重	128100 千克
最大速度	830 千米 / 小时

C-17 运输机在高空飞行

C-17“环球霸王”Ⅲ（Globemaster Ⅲ）运输机是美国麦克唐纳·道格拉斯公司研发的大型战略 / 战术运输机，1995 年 1 月开始服役。

●研发历史

C-17 运输机项目是美国迄今为止历时最久的飞机研制计划，从 1981 年麦克唐纳·道格拉斯公司赢得发展合约到 1995 年完成全部的飞行测试，一共耗时 14 年。在发展经费方面，它是美国有史以来耗资第三大的军用飞机，仅次于 B-2“幽灵”轰炸机和 E-3“望

★ C-17 运输机在山区上空飞行

楼”预警机。1991 年 8 月，美国空军第一个 C-17 运输机中队，位于南加利福尼亚州查尔斯顿空军基地的第 437 联队第 17 运输中队的飞行员开始接受 C-17 模拟机的飞行训练。1991 年 9 月 15 日，C-17 运输机首次试飞。1993 年 5 月，第 17 运输中队接收了第一架 C-17 运输机。1995 年 1 月，C-17 运输机正式服役。

C-17 运输机左侧视角

•机体构造

C-17 运输机采用大型运输机的常规布局，机翼为悬臂式上单翼，前缘后掠角 25 度。垂直尾翼有个特殊的设计，内部有一个隧道式的空间，可让一位维修人员攀爬通过，以进行上方水平尾翼的维修。液压可收放前三点式起落架，可靠重力应急自由放下。前起落架为双轮，主起落架为六轮。前起落架向前收入机身，主起落架旋转 90 度向里收入机身两侧整流罩内。

•作战性能

C-17 运输机融战略和战术空运能力于一身，是目前世界上唯一可以同时适应战略、战术任务的运输机。C-17 运输机的载运量是 C-141 运输机的 2 倍、C-130 运输机的 4 倍，但 C-17 运输机的可靠度高达 99%，任务完成率为 91%。C-17 运输机飞行返航后，例行检修外的额外检查率为 2%，而 C-5 运输机和 C-141 运输机高达 40%。

C-17 运输机的货舱可并列停放 3 辆吉普车，2 辆卡车或 1 辆 M1A2 坦克，也可装运 3 架 AH-64 武装直升机。在执行空投任务时，可空投 27215 ~ 49895 千克货物，或 102 名全副武装的伞兵和 1 辆 M1 主战坦克。C-17 运输机的货舱门关闭时，舱门上还能承重 18150 千克，相当于 C-130 全机的装载量。C-17 运输机对起落环境的要求极低，最窄可在 18.3 米宽的跑道上起落，能在 90 米 ×132 米的停机坪上运动。

C-17 运输机起飞

No. 37 美国 V-22“鱼鹰”运输机

基本参数	
机长	17.5 米
机高	11.6 米
翼展	14 米
空重	15032 千克
最大速度	565 千米 / 小时

★ V-22 运输机在高空飞行

V-22“鱼鹰”（V-22 Osprey）运输机是美国贝尔直升机公司和波音公司联合设计制造的倾转旋翼机，主要用于物资运输。

●研发历史

V-22 运输机于 20 世纪 80 年代开始研发，1989 年 3 月 19 日首飞成功，经历长时间的测试、修改、验证工作后，于 2007 年 6 月 13 日进入美国海军陆战队服役，取代服役较久的 CH-46“海骑士”直升机，执行运输及搜救任务。2009 年起，美国空军也开始部署空军专

★ 停机坪上的 V-22 运输机

用的衍生版本。目前，V-22 运输机已被美国空军及海军陆战队部署于伊拉克、阿富汗和利比亚等地。

•机体构造

V-22 运输机在机翼两端各有一个可变向的旋翼推进装置，包含劳斯莱斯 T406 涡轮轴发动机及由三片桨叶所组成的旋翼，整个推进装置可以绕机翼轴由朝上与朝前之间转动变向，并能固定在所需方向，因此能产生向上的升力或向前的推力。这个转换过程一般在十几秒钟内完成。当 V-22 运输机的推进装置垂直向上，产生升力，便可像直升机一样垂直起飞、降落或悬停，其操纵系统可改变旋翼上升力的大小和旋翼升力倾斜的方向，以使飞机保持或改变飞行状态。

V-22 运输机准备降落

V-22 运输机在低空飞行

•作战性能

V-22 运输机是一种将固定翼机和直升机特点融为一体的新型飞行器，既具备直升机的垂直升降能力，又拥有螺旋桨飞机速度较快、航程较远及油耗较低的优点。V-22 运输机的时速超过 500 千米，堪称世界上速度最快的直升机。不过，V-22 运输机也有技术难度高、研制周期长、气动特性复杂、可靠性及安全性低等缺陷。

V-22 运输机的两台劳斯莱斯 T406 发动机以转轴及齿轮箱联动，因此即使其中一台失去动力，另一台也能让整架飞机继续飞行。该机可以运送 24 名士兵或者重 9072 千克的物资，它们可以利用降落伞空投或者着陆后下机。此外，V-22 运输机还有一套外部拖钩与绞车系统，这套系统使其能够吊载重 6803 千克的货物。

No. 38 美国 KC-97“同温层货船”空中加油机

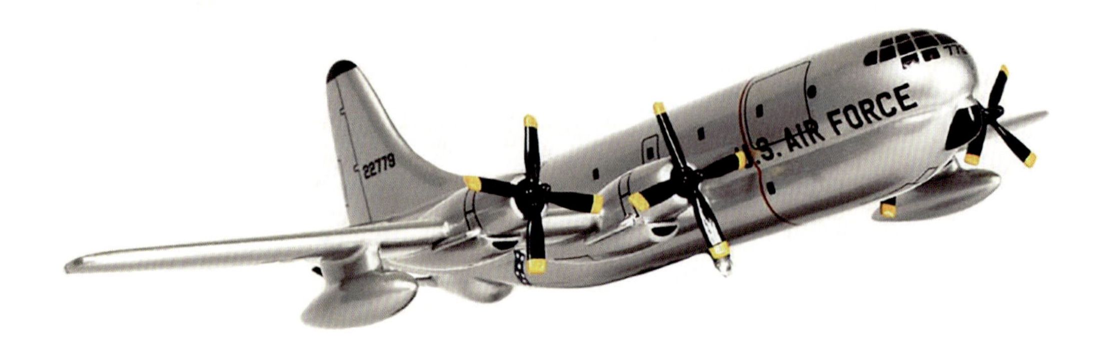

基本参数	
机长	35.89 米
机高	11.68 米
翼展	43.05 米
空重	37410 千克
最大速度	643 千米 / 小时

KC-97 空中加油机左侧视角

KC-97“同温层货船”（KC-97 Stratotanker）空中加油机是由美国波音公司研制的，以 C-97“同温层货船”军用运输机为基础改装而来。

•研发历史

1951 年，波音公司正式推出了新型的 KC-97 空中加油机，美国空军一共采购了 800 架。1952 年，B-52“同温层堡垒”战略轰炸机服役，同时暴露出 KC-97 空中加油机的使用效率问题，3 架 B-52 战略轰炸机需要 78 架 KC-97 空中加油机的支持。除美国外，

KC-97 空中加油机右侧视角

西班牙和以色列也购买了 KC-97 空中加油机。20 世纪 50 年代末，美国空军装备的 KC-97 空中加油机逐渐被 KC-135 空中加油机取代，退役后的 KC-97 空中加油机被转交给国民警卫队，又改回运输机型号，被称作 C-97G，一直使用到 70 年代。

★ KC-97 空中加油机尾部特写

•机体构造

KC-97 空中加油机采用“双泡式”机身、单翼布局、前三点式起落架，每侧机翼下各有 2 台涡轮螺旋桨发动机，机尾下方有外部加油吊杆。该机的上部机身比较宽大，下部机身相对细小，两个部分是拼接起来的。因此，从总体上看，这种飞机的外形比较怪异。KC-97 空中加油机与 B-29 轰炸机有许多类似的地方，如主翼、尾翼和发动机的布局。

KC-97 空中加油机早期型的动力装置为 4 台普惠 R-4360-59B“巨黄蜂”发动机，单台功率为 2574 千瓦。后期型加装了 2 台通用电气公司生产的 J47-GE-23 涡轮喷气发动机，巡航速度有所提高，能更好地为喷气式飞机加油。

•作战性能

1 架 KC-97 空中加油机能够携带 24 吨燃油，可有效为 2 架 B-47 轰炸机加油。而 B-52 轰炸机的需求量更大，燃油的消耗率更高，这就意味着 1 架 B-52 轰炸机需要更多的 KC-97 空中加油机来支援。此外，KC-97 空中加油机是活塞发动机，B-52 轰炸机为涡轮发动机，前者的飞行速度和高度都要落后于后者。在加油时，B-52 轰炸机不得不先降低到 KC-97 空中加油机的飞行高度，加油完成后再爬升到正常的巡航高度，这意味着更多的燃油消耗。KC-97 空中加油机的速度比 B-52 轰炸机慢，如果要在指定地点实施空中加油，KC-97 空中加油机必须比 B-52 轰炸机提前飞行，这无疑需要额外的战斗机进行护航。

KC-97 空中加油机为 A-7 攻击机加油

No. 39 美国 KC-135“同温层油船”空中加油机

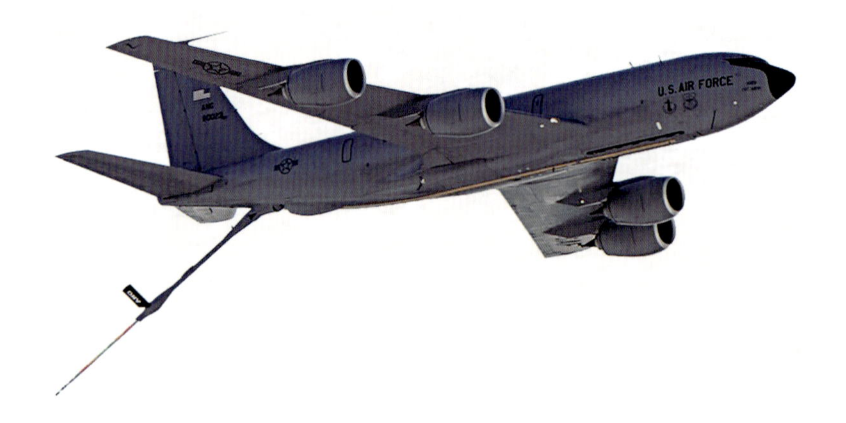

基本参数	
机长	41.53 米
机高	12.7 米
翼展	39.88 米
空重	44663 千克
最大速度	933 千米 / 小时

KC-135 空中加油机左侧视角

KC-135“同温层油船”（KC-135 Stratotanker）空中加油机是美国波音公司研制的大型空中加油机，也是美国空军第一种喷气式加油机。

•研发历史

KC-135 空中加油机由波音公司在 C-135 军用运输机的基础上改装而来。该机于 20 世纪 50 年代研制，1956 年 8 月首次试飞，1957 年正式列装。KC-135 空中加油机在 1955 ~ 1965 年间生产，总生产量为 803 架，包括 KC-137A、KC-135E、KC-135Q、KC-

跑道上的 KC-135 空中加油机编队

135R、KC-135T 等多种型号。KC-135 空中加油机最初的设计目的是为美国空军的远程战略轰炸机进行空中加油，后来设计为可为美国空军、美国海军、美国海军陆战队的各型战机进行空中加油。除美国外，智利、法国、新加坡、土耳其等国家也进口了 KC-135 空中加油机。

2002 年 9 月，美国空军启动 KC-135"灵巧加油机"计划。这项计划把当时现役的 40 架 KC-135 空中加油机改装成为"灵巧加油机"。改进后的 KC-135 空中加油机拥有了更强的收集、传递和发送信息能力，能使用不同的数据链在战区内相互通信联系，从而极大提高战区加油的效率。

KC-135 空中加油机起飞

•机体构造

KC-135 空中加油机的机体源于 C-135 运输机，而 C-135 运输机是波音公司在波音 367-80（波音 707 原型机）的基础上发展而来。KC-135 空中加油机采用悬臂式后掠下单翼和正常布置的悬臂式尾翼，后机身下方装有伸缩管。机翼下装有 4 台 J57-P-59W 涡轮喷气发动机，单台推力为 96.2 千牛。

KC-135 空中加油机的机身由铝合金制成，机翼后掠角为 35 度，机体可分为上、下两个部分，上部通常作为货舱使用，下部则是燃油舱。机身后面部分是加油作业区。该机共有 10 个机身油箱，前后机身地板下和机尾地板上有 5 个，机翼两方各有 1 个主油箱和 1 个备用油箱，还有 1 个中央翼油箱。

•作战性能

KC-135 空中加油机可装载 103 吨燃油，具备同时为多架飞机加油的能力，它采用伸缩套管式空中加油系统，加油作业的调节距离 5.8 米，可以在上下 54 度、横向 30 度的空间范围内活动。这种加油方式避免了让受油机降低高度及速度的麻烦，既提高了加油安全性，也提高了受油机的任务效率。当 KC-135 空中加油机仅用单个油箱加油时，每分钟可以加油 1514 升。前后油箱同时使用时，每分钟可以加油 3028 升。

KC-135 空中加油机在为 F-16 战斗机加油

No. 40 美国 KC-10“延伸者”空中加油机

基本参数	
机长	55.35 米
机高	17.7 米
翼展	50.41 米
空重	109328 千克
最大速度	996 千米 / 小时

KC-10 空中加油机左侧视角

KC-10“延伸者”（Extender）空中加油机是美国麦克唐纳 · 道格拉斯公司研制的三发空中加油机，在 DC-10 喷气式客机的基础上发展而来。

● 研发历史

KC-10 空中加油机（前）与 F-35B 战斗机（后）

1977 年，麦克唐纳 · 道格拉斯公司战胜了波音公司提出的由波音 747 客机改装空中加油机的方案，被美国空军的先进加油货运飞机计划选中。原型机于 1980 年 7 月 12 日首飞，同年 10 月 30 日完成首次空中加油试验，次年 3 月 17 日正式交付美国空军。美国空军共采购了 60 架 KC-10 空中加油机，1988 年 11 月 29 日交付完毕。截至 2020 年 2 月，KC-10 空中加油机仍然在美国空军服役。此外，荷兰空军也购买了 2 架 KC-10 空中加油机。

★ KC-10 空中加油机仰视图

•机体构造

KC-10 空中加油机的总体布局与 DC-10 客机基本相同。除了 DC-10 客机原有的标准机翼油箱和辅助油箱外，KC-10 空中加油机还增设了由 7 个非增压整体囊式油箱组成的油箱系统，3 个在机翼前方，4 个在机翼后方，全部位于货舱地板，利用龙骨梁和能量吸收材料来进行防护，可从机舱甲板直接安装、拆卸、维护、检查这些油箱。此外，KC-10 空中加油机还增加了包括军用航空电子设备、受油机指示灯、空中加油伸缩套管、锥形加油管嘴、空中加油受油口、3 座空中加油操作舱和卫星通信设施等系统装备。

KC-10 空中加油机的机组由飞行员、副驾驶、飞行工程师和加油操作员 4 人组成。3 座空中加油操作增压舱位于后机身下方油箱后面，有独立的热管理系统，加油操作员从机舱甲板进入，面向后乘坐，其后面 2 个座椅可乘坐教官和学员，用于训练。为便于载货，前机身左侧布置了一个大的向上开启的货舱门，机舱内可装载 27 个货盘或 17 个货盘加 75 名乘客。

•作战性能

KC-10 空中加油机可同时为 2 架飞机加油，其最大载油量达 161 吨，远超 KC-135 空中加油机。KC-10 空中加油机的空中加油系统为全新设计，操作员通过数字式电传操纵系统来控制机尾的加油系统。通过伸缩套管，燃油以最高 4180 升 / 分钟的速率传输到受油机中。通过锥形管嘴，最大加油速率是 1786 升 / 分钟。该机配有自动加装燃油阻尼系统和独立燃油断接系统，提高了空中加油的安全性和便利性。

KC-10 空中加油机为 V-22 倾转旋翼机加油

KC-10 空中加油机自身也可接受空中加油，通过 KC-135 空中加油机或其他 KC-10 空中加油机对其加油来增加运输航程。除用于空中加油外，KC-10 空中加油机还可用作战略运输机使用，可以在给战斗机加油的同时给海外部署基地运送士兵和所需物资。

No. 41 美国 KC-46“飞马”空中加油机

基本参数	
机长	50.5 米
机高	15.9 米
翼展	48.1 米
空重	82377 千克
最大速度	1046 千米 / 小时

★ KC-46 空中加油机左侧视角

KC-46“飞马”（KC-46 Pegasus）空中加油机由美国波音公司研制，衍生自波音 767 客机，也可作为战略运输机使用。

•研发历史

21 世纪初，美国空军决定采用 KC-767 空中加油机取代老旧的 KC-135E 空中加油机。2003 年 12 月，这一合同因涉嫌贪污而被终止。2011 年 2 月 24 日，美国空军重新选用波音公司的修改版 KC-767 计划，并更名为 KC-46 空中加油机。2014 年 12 月 28

KC-46 空中加油机在低空飞行

日，KC-46 空中加油机第一架原型机成功进行了首飞，飞行时间为 3.5 小时，标志着美国在下一代空中加油机的发展上又取得了新的里程碑。2016 年 1 月 24 日，KC-46 空中加油机首次进行了空中加油试验，向一架 F-16 战斗机输送了 725 千克燃油。2019 年，KC-46 空中加油机进入美国空军服役。

KC-46 空中加油机尾部视角

机体构造

KC-46 空中加油机使用波音 767-2C 客机的机身，机身使用了包括石墨碳纤维、“凯夫拉”纤维在内的多种新型材料，提高了飞机结构强度和寿命，降低了重量。KC-46 空中加油机采用了源于波音 787 客机的先进座舱，不仅使得座舱达到先进水平，也便于与加油机需要的军用电子系统对接。为了适合载货，该机的货舱地板被刻意加强，还加装了便于舱内货物移动的地板滚轮和舱顶行车系统。

KC-46 空中加油机采用悬臂式下单翼，机翼下前伸吊挂 2 台涡轮风扇发动机。双轮前起落架向前收起，主起落架为四轮小车式，向内收起。该机的动力装置为 2 台普惠 PW4062 高涵道比涡轮风扇发动机，单台推力为 282 千牛。

作战性能

KC-46 空中加油机采用美国空军通用的伸缩套管加油模式和“远距空中加油操作者”系统，具备一次为 8 架战斗机补充燃料的能力，能为目前所有的西方战斗机进行加油。KC-46 空中加油机更突出的特点是采用了可变换货舱的结构设计，同时具有运输机和加油机的功能。在保持加油能力的前提下，可以容纳 200 名乘客和 4 辆军用卡车。KC-46 空中加油机比 KC-135 空中加油机能多载 20% 的燃料，而货物和人员运输能力更是 KC-135 空中加油机的 3 倍。

KC-46 空中加油机为 F-16 战斗机加油

No.42 美国 RC-135 “铆接”侦察机

基本参数	
机长	41.53 米
机高	12.7 米
翼展	39.88 米
空重	79545 千克
最大速度	933 千米 / 小时

★ RC-135 侦察机左侧视角

RC-135 “铆接”（Rivet Joint）侦察机是美国波音公司以波音 707 机体改装而成的四发战略侦察机，1965 年开始服役。

• 研发历史

RC-135 侦察机于 1965 年 4 月首次试飞，同年开始服役。自问世以来，RC-135 侦察机出现了多种改进型，包括 RC-135A、RC-135S、RC-135U、RC-135V、RC-135W、RC-135X 等。其中，RC-135S 是侦察弹道导弹的主要机型，是美国战区导弹防御计划的重要组成部分。而与 RC-135S 不同，RC-

英国空军装备的 RC-135 侦察机

135V 和 RC-135W 重点收集的目标是电磁信号，任务是实时侦测空中各种电磁波信息，对目标进行定位、分析、记录和信息处理。

RC-135 侦察机主要装备美国空中战斗司令部下属的第 55 联队，该联队驻扎在美国本土的奥福特空军基地（Offutt Air Force Base），因此，RC-135 侦察机的机尾都有“OF”字样。截至 2020 年初，RC-135 侦察机仍然在役。

RC-135 侦察机俯视图

• 机体构造

RC-135 侦察机由波音 707 客机的机体改装而成，机身大小与普通的波音 707 客机相差无几，装有 4 台普惠 TF33-P-9 涡扇发动机。该机装有高精度电子光学探测系统和先进的雷达侦察系统，可以搜集对方预警、制导和引导雷达的频率等技术参数，能捕捉敌方飞机、军舰、潜艇、雷达、指挥所及电台发出的电子信号，能在公海上跟踪进入大气层的导弹飞行状态，并推测出弹道导弹的相关数据。

• 作战性能

RC-135 侦察机擅长在目标国沿海地区实施侦察行动，被美国空军视为与新一代军事侦察卫星和远程无人驾驶飞机并驾齐驱的 21 世纪最重要的侦察武器。RC-135 侦察机的飞行高度通常在 15000 米以上，巡航速度为 860 千米 / 小时，续航时间超过 12 小时，由于各种型号的 RC-135 侦察机都装有空中加油装置，因此实际上的飞行时间大大超过 12 小时，空中滞留时间最长可达 20 小时。

RC-135 侦察机准备起飞

RC-135 侦察机在执行侦察任务时的最大优势是可在公共空域进行侦察活动，无须进入敌方领空，或者过于贴近敌方领空活动。该机的电子光学探测系统可以与美国空军战机和地面指挥中心甚至卫星直接联系，能够把情报在第一时间传给世界范围内的美军战区指挥官。

No. 43 美国 U-2“蛟龙夫人”侦察机

基本参数	
机长	19.1 米
机高	4.8 米
翼展	30.9 米
空重	6800 千克
最大速度	821 千米 / 小时

★ U-2 侦察机在山区上空飞行

U-2“蛟龙夫人”（Dragon Lady）侦察机是美国洛克希德公司研制的单发高空侦察机，1956 年开始服役，截至 2020 年初仍然在役。

●研发历史

U-2 侦察机的研制工作始于 20 世纪 50 年代，由于它的研制属于高度机密，所以不能使用侦察机代号。为了隐藏其真实用途，美国空军于 1955 年 7 月选择了 U（Utility，多用途）这个代号，将其命名为 U-2。1955 年 8 月 1 日，U-2 原型机首次试飞。1956 年 5 月，

U-2 侦察机准备起飞

首批 4 架 U-2 侦察机开始服役。1960 年 5 月 1 日，U-2 侦察机在苏联境内首次被击落，由此被世人所知。

●机体构造

U-2 侦察机采用正常气动布局，飞机外表为了避免反射阳光被涂成黑色，并加大机翼使其具有滑翔机特征。机体为了减轻重量，采用全金属薄蒙皮结构，机身呈细长状。该机的另一个外观特征就是其起落架，与其他飞机的典型三点式设计（机鼻一个，机翼下两个）不同，U-2 侦察机的起落架只有两个，主翼下方一个，发动机尾下方装有另一个可转向起落架。

★ U-2 侦察机右侧视角

●作战性能

U-2 侦察机装有高分辨率摄影组合系统，能在 4 小时内拍下宽 200 千米、长 4300 千米范围内地面景物的清晰图像，并冲印出 4000 张照片用于情报分析。此外，U-2 侦察机还装有先进的电子侦察设备，不仅能侦察到对方陆空联络、空中指挥的无线电信息，还能测出对方的雷达信号。该机被公认为美国空军中最具挑战性的机种，对飞行员的技术要求甚高。其修长的机翼令 U-2 侦察机有与滑翔机相似的飞行特性，对侧风极其敏感，并倾向于跑道上飘浮，使得着陆非常困难。由于要在高空执行任务，U-2 侦察机的飞行员必须穿着一种类似宇航服的压力衣，使其免受缺氧、减压症和严寒等威胁。

★ U-2 侦察机在高空飞行

No.44 美国SR-71“黑鸟”侦察机

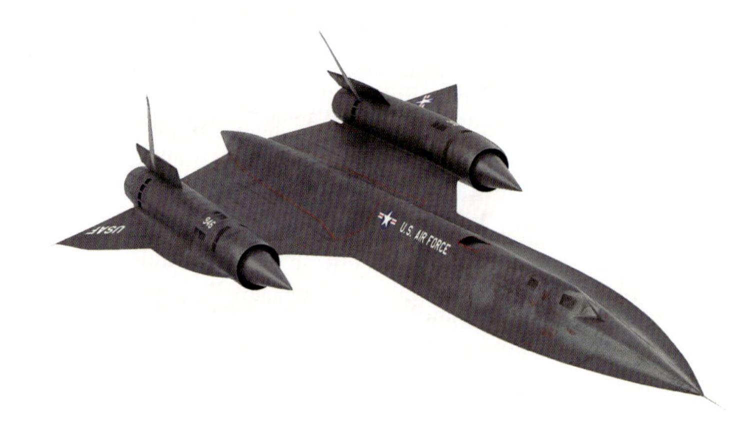

基本参数	
机长	32.74 米
机高	5.64 米
翼展	16.94 米
空重	30617 千克
最大速度	3540 千米 / 小时

SR-71 侦察机俯视图

SR-71“黑鸟”侦察机是美国洛克希德公司研制的喷气式三倍音速远程高空高速战略侦察机，1966 年开始服役。

•研发历史

停机坪上的 SR-71 侦察机

SR-71 侦察机由美国军火工业的传奇人物凯利 · 约翰逊所领导的“臭鼬”工厂操刀设计，使用了大量当时的先进技术。SR-71 侦察机在 1964 年 12 月 22 日首次试飞，并在 1966 年 1 月进入加利福尼亚州比尔空军基地的第 4200 战略侦察联队（后改番号为第 9 战略侦察联队）服役。1990 年 1 月 26 日，由于国防预算降低和操作费用高昂，美国空军将 SR-71 侦察机退役，但在 1995 年又编回部队，并于 1997 年展开飞行任务。1998 年，SR-71 侦察机从美国空军永久退役。不过，SR-71 侦察机退役后又被美国航空航天局用作飞行试验机。

SR-71 侦察机头部视角

机体构造

SR-71 侦察机是第一种成功突破“热障”的实用型喷气式飞机。“热障”是指速度快到一定程度时，飞机与空气摩擦产生大量热量，从而威胁到飞机结构安全的问题。为此，SR-71 侦察机的机身采用低重量、高强度的钛合金作为结构材料，机翼等重要部位采用了能适应受热膨胀的设计，因为 SR-71 侦察机在高速飞行时，机体长度会因为热胀伸长 30 多厘米。该机的油箱管道设计巧妙，采用了弹性的箱体，并利用油料的流动来带走高温部位的热量。尽管采用了很多措施，但 SR-71 侦察机在降落到地面后，油箱还是会因为机体热胀冷缩而发生一定程度的泄漏。实际上，SR-71 侦察机起飞时通常只带少量油料，在爬高到巡航高度后再进行空中加油。

作战性能

SR-71 侦察机在山区飞行

SR-71 侦察机采用隐形设计，能以 3 马赫的高速躲避敌机与防空导弹。时至今日，SR-71 侦察机仍然是世界上有人驾驶的速度最快的飞机。在实战记录上，没有任何一架 SR-71 侦察机曾被击落过。

SR-71 侦察机可以在约 24000 米的高空，以每秒约 72 千米的速度扫视地表。该机使用的 J-58 发动机是唯一可以持续使用加力燃烧室的军用发动机，当飞行速度越快的时候，发动机的效率也随之提升。SR-71 侦察机的使用费用极其高昂，在美国空军提交的报告中，曾提出两架重新服役的 SR-71 侦察机每月（按 30 天计算）所需费用为 3900 万美元。

No. 45 美国 E-3“望楼”预警机

基本参数	
机长	46.61 米
机高	12.6 米
翼展	44.42 米
空重	73480 千克
最大速度	855 千米 / 小时

★ E-3 预警机右侧视角

E-3“望楼”（Sentry）预警机是美国波音公司生产的全天候空中预警机，1977 年开始服役，截至 2020 年 2 月仍然在役。

•研发历史

20 世纪 60 年代初，由于轰炸机速度的提高、低空突防方式的广泛采用以及远距离空对地导弹的出现，原有防空警戒系统已不能满足需要。从 1962 年起，美国空军开始考虑发展新的警戒系统。1963 年，美国空军防空司令部与战术空军司令部提出了空中警戒和控制系统计划。1970 年，波音公司

E-3 预警机降落

的方案被选中。1975 年 10 月，E-3 预警机的第一架原型机首次试飞。

1977 年 3 月，E-3 预警机第一架生产型交付使用。该机先后发展出 E-3A、E-3B、E-3C、E-3D、E-3F、E-3G 等多种型号，1992 年生产线关闭前一共生产了 68 架。除美国外，英国、法国和沙特阿拉伯等国家也采用了 E-3 预警机。

E-3 预警机仰视图

•机体构造

E-3 预警机直接在波音 707 商用机的机身上，加装了旋转雷达模组及陆空加油模组。雷达直径 9.1 米，中央厚度 1.8 米，用两根 4.2 米长的支撑架撑在机体上方。该机采用后掠式下单翼和后掠式垂直尾翼，水平尾翼靠下安装。

E-3 预警机的动力装置是 4 台普惠 TF33-PW-100/100A 发动机，单台推力 93 千牛。在美国空军和北约服役的 E-3 预警机一次加油可滞空 8 小时，而英国、法国、沙特阿拉伯装备的新版本在换装 CFM-56-2 发动机后一次可以飞行 10 小时。E-3 预警机的航程还可以通过空中加油来延长，驾驶舱后上方有空中加油受油口。机上还有组员轮班休息区。

•作战性能

E-3 预警机所用的 AN/APY-1 型 S 波段脉冲多普勒雷达可以在 400 千米半径以上的范围内侦测高海拔低速飞行体（以雷达地平线为准），而水平脉冲波则可在 650 千米范围内侦测中低海拔（同样以雷达地平线为准）的空中载具，雷达组中的副监督雷达子系统可以进一步对目标进行辨认和标出敌我机，并消去地面物体造成的杂乱信号。

除了雷达，E-3 预警机还配备了敌我识别器、数据处理、通信、导航与导引、数据显示与控制等机载设备。其中，数据显示和控制系统主要由数据显示器、多用途控制台、电传打字机和辅助显示器组成。机上的操作员通过控制台上的显示器，以文字或者图形的多种格式查看各种信息，并做出各种监视、识别、武器控制、战场管理和通信的操作指令。

E-3 预警机俯视图

No. 46 美国 E-737“楔尾”预警机

基本参数	
机长	33.6 米
机高	12.5 米
翼展	35.8 米
空重	46606 千克
最大速度	955 千米 / 小时

E-737 预警机右侧视角

E-737“楔尾”（Wedgetail）预警机是美国波音公司为澳大利亚军方研制的大型预警，全称为“楔尾空中预警和控制系统”。

•研发历史

美国是世界预警机研制最为先进的国家之一，目前服役的 E-3“望楼”大型预警机和 E-2“鹰眼”舰载预警机都是美国预警机的代表作。20 世纪 90 年代中后期，澳大利亚空军开始谋求拥有自己的预警机，这一计划被称为“楔尾工程”。澳大利亚领土和海域都较为广阔，客观上需要较为大

★ 土耳其空军装备的 E-737 预警机

型的预警机。另外，新技术的不断出现也让澳大利亚采购到较为高级的预警机成为了可能。

2000 年，澳大利亚选择了美国波音公司作为其合作方，以该公司客机作为平台研制新预警机。波音公司选择了波音 737-700 型客机作为载机。2006 年 5 月 20 日，新预警机完成首次飞行。由于是外销用机，因此该机没有美军编号，外界一般称其为 E-737 预警机。2009 年，E-737 预警机开始进入澳大利亚空军服役。此外，韩国和土耳其也有采用。

★ E-737 预警机在高空飞行

机体构造

E-737 预警机以波音 737-700 短程客机为载机，由于增加了大型的天线，飞机的材料强度等都进行了改进，飞机阻力也有所增加。为了能够增加航程，该机在机头上面安装了空中受油装置，燃料管安装在机身右舷内壁。主翼安装有燃料抛弃系统。E-737 预警机内部分为飞行操作区、指令控制区、乘员休息区以及后半部的电子仪器区，各区有中央通道贯通。E-737 预警机装有 2 台 CFM56-7B27A 涡轮风扇发动机，单台推力为 118 千牛。

作战性能

E-737 预警机采用诺斯洛普 · 格鲁曼公司的多波段多功能电子扫描相控阵（MESA）雷达。该雷达比传统的机载预警与控制系统（AWACS）雷达更有效，因为它不用依靠旋转机械来监控空中目标。它的扫描天线有两块，一块垂直安装在后机身上方，仿佛给飞机加了块“背鳍”，另一块则水平安置在“背鳍”上部，两块天线就像搭积木一样相互叠加组成了一个完整的天线阵。“背鳍”天线可覆盖左右各 120 度方位，平面天线可覆盖前后各 60 度方位，从而构成 360 度全方位覆盖。这种布置方式有效地消除了机身各部位对雷达波的遮挡和干扰。

E-737 预警机可同时跟踪 300 个目标，在 9000 米高度飞行时探测距离达 850 千米，对战斗机目标下视探测距离为 370 千米，还可用增程工作方式提高探测距离。它能在任何天气条件下锁定 600 千米范围内的 180 个目标，同时指挥 24 架飞机作战。由于采用了非常新的科技成果，E-737 预警机雷达的信息处理速度比 E-2 预警机高出十余倍。此外，它还装备有电子战系统和电子情报侦察系统，可以对敌电子辐射源进行定位和识别。

E-737 预警机俯视图

No. 47 美国 E-767 预警机

基本参数	
机长	48.5 米
机高	15.8 米
翼展	47.6 米
空重	85595 千克
最大速度	1054 千米 / 小时

E-767 预警机在高空飞行

E-767 预警机是美国波音公司为日本航空自卫队研制的大型预警机，1998 年开始装备部队。

●研发历史

E-767 预警机尾部视角

20 世纪 90 年代，日本试图从美国进口 E-3“望楼”预警机，该机在海湾战争中的出色表现给日本航空自卫队留下了深刻印象，把它视为世界先进预警机的最高标准。不巧的是，波音公司已经关闭了波音 707 机体生产线，所以无法再制造 E-3 预警机。之后，波音公司在美国政府支持下专为日本生产以波音 767 客机为平台的预警机。

1996 年 8 月，新预警机在美国华盛顿州埃弗雷特基地首次试飞。日本航空自卫队按“E”代表预警机的惯例，将它命名为 E-767 预警机。该机在美国进行了严格的适航性测试。1998 年 3 月，首批 2 架 E-767 预警机进入日本航空自卫队序列，部署在静冈县的滨松空军基地。1999 年 1 月，第二批 2 架 E-767 预警机入役，部署在北海道的千岁空军基地。除日本外，E-767 预警机还没有其他买家。

•机体构造

E-767 预警机以波音 767-200ER 客机为载体，机内容积是 E-3 预警机的 2 倍，工作平台面积比 E-3 预警机多 50%，利于配备更多的任务系统和设备。E-767 预警机配备 2 名驾驶员，机上另有专司预警和控制系统的操作及指挥人员共 20 人。E-767 预警机的动力装置为 2 台通用电气公司生产的 CF6-80C2 涡轮风扇发动机，单台推力为 273.6 千牛。

E-767 预警机仰视图

•作战性能

E-767 预警机的最大起飞重量达 175 吨，经空中加油后其滞空时间为 22 小时。不加油最大航程达 10370 千米，比 E-3 预警机要远 20%。E-767 预警机所配备的雷达、航空电子系统和电子战系统都是 E-3 预警机所用设备的改进型。它采用的 AN/APY-2 机载预警雷达是 E-3 预警机所用的 AN/APY-1 雷达的第二代产品，因而 E-767 预警机的技战术性能明显比 E-3 预警机优越。E-767 预警机在作战飞行高度上能探测 320 千米外的目标，对高空目标的探测距离达 600 千米，可同时跟踪数百个空中目标，并能自动引导和指挥 30 批己方飞机进行拦截作战。

E-767 预警机起飞

No. 48 美国 EC-130H“罗盘呼叫”电子战飞机

基本参数	
机长	29.3 米
机高	11.4 米
翼展	39.7 米
空重	45813 千克
最大速度	637 千米 / 小时

EC-130H 电子战飞机头部视角

EC-130H“罗盘呼叫”（Compass Call）电子战飞机是美国空军装备的专用于干扰敌方通信的电子战飞机，由 C-130“大力神”运输机改装而来。

•研发历史

EC-130H 电子战飞机是美国洛克希德公司在 C-130 运输机的基础上发展起来的，是美国空军专门用于 C3 对抗的电子战飞机，可对敌方空军无线电通信和指挥系统以及导航设施进行干扰。EC-130H 电子战飞机于 1982 年 4 月开始服役，美国空军一共装备了 18 架。

EC-130H 电子战飞机编队

截至 2020 年初，EC-130H 电子战飞机仍然在役。

EC-130H 电子战飞机仰视图

机体构造

EC-130H 电子战飞机采用上单翼、四发动机的机身布局，机身为铝合金半硬壳式结构。该机的主起落架舱也设计得很巧妙，起落架收起时处在机身左右两侧旁突起的流线型舱室内。与 C-130 运输机相比，EC-130H 电子战飞机在外形上的主要变化是机身外部增加了几个大型刀形天线和下垂天线。EC-130H 电子战飞机的动力装置为 4 台艾利森 T56-A-15 涡轮螺旋桨发动机，单台功率为 3377 千瓦。

作战性能

EC-130H 电子战飞机的作战半径为 1000 千米，转场航程超过 3600 千米。该机的主要电子设备包括 AN/ALQ-62 侦察报警系统、SPASM 干扰系统、AN/APQ-122 多功能雷达、AN/APN-147 多普勒雷达、AN/AAQ-15 红外侦察系统、AN/ARN-52“塔康”导航系统等。该机的干扰距离远，可在距目标区 120 千米以外对通信设备进行干扰，既能达到干扰目的，又可保证本机安全。另外，该机干扰频率宽、功率大，可一边接收敌方通信信号，一边对其无线电指挥通信和导航设备进行压制干扰。

EC-130H 电子战飞机俯视图

No. 49 苏联 / 俄罗斯伊尔-76 运输机

基本参数	
机长	46.59 米
机高	14.76 米
翼展	50.5 米
空重	92500 千克
最大速度	900 千米 / 小时

伊尔-76 运输机在高空飞行

伊尔 -76 运输机是伊留申设计局研制的四发大型军民两用战略运输机，1974 年 6 月开始服役。

•研发历史

伊尔-76 运输机头部视角

20 世纪 60 年代后期，安-12 运输机作为苏联军事空运主力已经显得载重小和航程不足，苏联为了提高其军事空运能力，急需一种航程更远、载重更大、速度更快的新式军用运输机。于是，伊留申设计局以美国 C-141 运输机为假想敌，设计了伊尔-76 运输机。该机于

1971年3月25日首次试飞，1974年6月正式服役。苏联解体后，有大量伊尔-76运输机用作民航用途。伊尔-76运输机是世界上最为成功的重型运输机之一，迄今为止已有超过38个国家使用过或正在使用。

伊尔-76运输机在低空飞行

•机体构造

伊尔-76运输机的机身为全金属半硬壳结构，截面基本呈圆形。机头呈尖锥形，机舱后部装有两扇蚌式大型舱门，货舱内有内置的大型伸缩装卸跳板。机头最前部为安装有大量观察窗的领航舱，其下为圆形雷达天线罩。该机采用悬臂式上单翼，不会影响机舱空间。起落架支柱短粗、结实，采用多机轮和胎压调节装置。

•作战性能

伊尔-76运输机在设计上十分重视满足军事要求，翼载荷低，有完善的增升装置，并装有起飞助推器。方便有效的随机装卸系统、全天候飞行设备、空勤人员配备齐全等，使飞机不依赖基地的维护支援，可以独立在野外执行任务。据统计，伊尔-76运输机的每吨千米使用成本比安-12运输机低40%以上。

伊尔-76运输机装有全天候昼夜起飞着陆设备，包括自动飞行操纵系统计算机和自动着陆系统计算机。机头雷达罩内装有大型气象和地面图形雷达。为适应粗糙的前线机场跑道，伊尔-76运输机采用了低压起落架系统，以及能在起降阶段低速飞行时提供更大升力的前后襟翼。机内装有绞车、舱顶吊车、导轨等必备的装卸设备，方便装卸工作。军用型机翼下有4个外挂点，每个可挂500千克炸弹、照明弹、标志弹。

★ 伊尔-76运输机降落

No. 50 苏联 / 俄罗斯伊尔-78 空中加油机

基本参数	
机长	46.59 米
机高	14.76 米
翼展	50.5 米
空重	72000 千克
最大速度	850 千米 / 小时

伊尔-78 空中加油机在高空飞行

伊尔-78 空中加油机是伊留申设计局在伊尔-76 运输机基础上改装的空中加油机，1984 年开始服役，截至 2020 年初仍然在役。

• 研发历史

苏联早期的空中加油机由图-16 和米亚-4 轰炸机改装，加油能力非常有限。1982 年，伊留申设计局开始在伊尔-76MD 运输机的基础上研制伊尔-78 空中加油机。该机于 1983 年 6 月 26 日首次试飞，翌年开始服役。伊尔-78 空中加油机先后有伊尔-78、伊

伊尔-78 空中加油机降落

尔-78T、伊尔-78M、伊尔-78ME、伊尔-78MP 等型号问世，各种型号一共制造了 53 架。

伊尔-78 空中加油机主要用于给远程飞机、前线飞机和军用运输机进行空中加油，同时还可用作运输机，并可向机动机场紧急运送燃油。苏联解体后，俄罗斯和乌克兰各继承了一部分伊尔-78 空中加油机。此外，印度、巴基斯坦、阿尔及利亚、利比亚等国家也进口了伊尔-78 空中加油机。

伊尔-78 空中加油机尾部视角

•机体构造

伊尔-78 空中加油机采用伊尔-76 运输机的机身，它保留了后者货舱的载运能力，但在机身内增设了 2 个（后期型为 3 个）较大的可移动金属油箱。由于货舱内保留了货物处理设备，因此只要拆除货舱油箱，即可担任一般运输或空投任务。伊尔-78 空中加油机的机头呈尖锥形，机翼为悬臂式上单翼，左右机翼的下方和机尾左侧各有 1 具 UPAZ-1 空中加油吊舱。该机的机尾没有安装武器，炮手位置由加油控制员取代。伊尔-78 空中加油机的动力装置为 4 台 D-30KP-2 涡轮风扇发动机，单台推力为 118 千牛。

•作战性能

伊尔-78 空中加油机的最大起飞重量为 210000 千克，空中加油高度为 2000 ~ 9000 米，加油时飞行速度为 430 ~ 590 千米 / 小时。该机采用三点式空中加油系统，加油管长 26 米，可通过机腹加油点为 1 架重型轰炸机进行空中加油，可通过机翼加油点为 2 架战术飞机同时进行空中加油。伊尔-78 早期型安装的 UPAZ-1A 吊舱的正常输油量为 1000 升 / 分钟，伊尔-78 后期型换装了 UPAZ-1M 吊舱，性能更先进，输油能力提高到 2340 升 / 分钟。伊尔-78 后期型的最大载油量达 106 吨，输油软管的拖出长度比伊尔-78 早期型更长，进行空中加油时的安全性也相对较高。

★ 伊尔-78 空中加油机为“幻影”2000 战斗机加油

No. 51 苏联 / 俄罗斯 A-50 预警机

基本参数	
机长	49.59 米
机高	14.76 米
翼展	50.5 米
空重	75000 千克
最大速度	900 千米 / 小时

A-50 预警机在高空飞行

A-50 预警机是别里耶夫设计局研制的大型预警机，1984 年开始服役，截至 2020 年初仍在俄罗斯空军和印度空军服役。

•研发历史

印度空军装备的 A-50 预警机

A-50 预警机于 20 世纪 70 年代末开始研制，目的是与苏联的第三代超音速战斗机米格-29、苏-27 等一起组成 20 世纪 90 年代的空中防空体系。该机于 1978 年首次飞行，1984 年开始服役，逐渐取代了苏联第一代预警机图-126。苏联解体后，俄罗斯仍继续使用 A-50

预警机。此外，印度也进口了少量 A-50 预警机。

A-50 预警机仰视图

机体构造

A-50 预警机是以伊尔-76 运输机为基础改进而来的，主要在后者的基础上加装了有下视能力的空中预警雷达，并加长了前机身，其最明显的特点是在机翼后的机身背部装有直径为 9 米的雷达天线罩，比美国 E-3 预警机靠前，故前半球视界不如后者，但采用高水平尾翼，后半球视界优于后者。

A-50 预警机内可以布置 10 ~ 14 个显控台，可以容纳十几名引导员同时工作。而且还可以携带多余的人员用以换班。飞机上空间较大，配备能为乘员提供短暂休息的场所，有利于保持长时间的战斗力。

作战性能

A-50 预警机早期配备的“野蜂”雷达是一种高重复频率脉冲多普勒雷达，采用了 S 波段的发射机，发射功率为 20 千瓦。后期的 A-50U 型装备了“熊蜂”M 新型雷达系统，可对敌方电子反制武器进行确定与跟踪，原来存在的强烈噪音和高频行踪问题也有所克服。A-50U 型还加强了目标识别、处理速度、无线通信、精确导航等功能，探测目标距离和跟踪目标数量均有所增加。

A-50 预警机可作为空中雷达、空中引导站和空中指挥所使用。与传统的地面雷达站相比，它除了可以清晰准确地显示目标信号、种类、距离之外，还可以以全景方式显示电子计算机的处理结果，以及己方飞机的综合情况，如机号、航向、高度、速度、剩余燃油等。在空战中，A-50 预警机可用于配合 MiG-29、MiG-31 和 Su-27 等战斗机执行防空和战术作战任务，引导战斗机攻击敌方目标。

A-50 预警机尾部视角

No. 52 苏联 / 乌克兰安-12 运输机

基本参数	
机长	33.1 米
机高	10.53 米
翼展	38 米
空重	28000 千克
最大速度	777 千米 / 小时

安-12 运输机在高空飞行

安-12 运输机是安东诺夫设计局研制的四发涡轮螺旋桨运输机，1959 年开始服役。

•研发历史

安-12 运输机于 1956 年首次试飞，1957 年投入批量生产，1959 年正式服役，1973 年停止生产，总产量约 1250 架，其中民用型约 200 架。安-12 运输机的规格、尺寸、性能与同时期的美国 C-130“大力神”运输机非常相似，被视为其对应版本。该机曾是苏联运输航空兵的主力，从 1974 年起逐渐被伊

安-12 运输机准备起飞

尔-76运输机取代。服役期间，安-12运输机曾参与了苏军的历次重大战斗行动，包括阿富汗战争。安-12运输机还向波兰、印度、埃及、叙利亚和伊拉克等国家出口，其中大部分供军用，少量供民用。苏联解体后，安东诺夫设计局由乌克兰接管。

安-12运输机左侧视角

•机体构造

安-12运输机由安-10客机发展而来，但重新设计了后机身和机尾。该机有多种型别，其中安-12BP是标准军用型。安-12为客货混合型，主要用于民航运输。安-12为电子情报搜集机，机身下两侧增加4个泡形雷达整流罩。安-12为电子对抗型，机头和垂尾内增加了电子设备舱。安-12为北极运输型，主要适用于北极雪地和高寒地带，机身下装有雪上滑橇，载重性能与标准型一样。

•作战性能

安-12运输机的动力装置为4台伊夫钦科AI-20涡轮螺旋桨发动机，单台功率为3000千瓦。该机的后货舱门长7.7米、宽2.95米，货舱长度为13.5米、最大宽度为3.5米、最大高度为2.6米，货舱容积为97.2立方米。安-12运输机的最大载重为20000千克，最大起飞重量为61000千克。该机起飞滑跑距离为700米，着陆滑跑距离为600米，最大载重航程为3600千米，最大油量航程达5700千米。

安-12运输机降落

No. 53 苏联 / 乌克兰安-124 运输机

基本参数	
机长	68.96 米
机高	20.78 米
翼展	73.3 米
空重	175000 千克
最大速度	865 千米 / 小时

安-124 运输机在高空飞行

安-124 是安东诺夫设计局研制的四发远程运输机，1986 年开始服役。

•研发历史

安-124 运输机的计划名称为安-40，研发目的是生产一款比安-22 运输机更大的运输机。第一架原型机在 1982 年 12 月 26 日首次试飞，第二架原型机在 1985 年的巴黎航空展上首次向西方国家亮相，而飞机名称同时改为安-124。1986 年，第五架原型机参加了英国范登堡国际航展，引起国际轰动。同年，

安-124 运输机起飞

安-124 运输机交付使用。

安-124 运输机仰视图

•机体构造

安-124 运输机粗大的机身呈梨形截面，主翼为后掠下反式上单翼。该机的机腹贴近地面，机头和机尾均设有全尺寸货舱门，分别向上和向左右打开，货物能从贯穿货舱中自由出入。货舱分为上下两层。上层舱室较狭小，除 6 名机组人员和 1 名货物装卸员外，还可载 88 名乘客。下层主货舱容积为 1013.76 立方米，载重可达 150 吨。货舱顶部装有 2 个起重能力为 10 吨的吊车，地板上还另外有 2 部牵引力为 3 吨的绞盘车。安-124 运输机的动力装置为 4 台普罗格雷斯 D-18T 涡扇发动机，单台推力为 229.5 千牛。

•作战性能

在安-225 运输机服役之前，安-124 运输机是世界上起飞重量最大的运输机。1985 年，安-124 运输机创下了载重 171219 千克物资，飞行高度 10750 米的世界纪录，打破了由美国 C-5 运输机创造的原世界纪录。此外，安-124 运输机还拥有 20 多项国际航空联合会承认的世界飞行记录。

作为新一代大型运输机，安-124 运输机充分考虑了用于民航运输时的适航性，噪音特性符合国际民航组织的噪音标准。该机的货舱前后舱门采用液压装置开闭，分别可在 7 分钟和 3 分钟内打开。由于货舱空间很大，安-124 运输机能够运载普通飞机机身、化工塔器等大型货物。该机设有厕所、洗澡间、厨房和两个休息间，远程飞行时飞行员可以得到较好的休息。

安-124 运输机右侧视角

No. 54 苏联／乌克兰安-225运输机

基本参数	
机长	84 米
机高	18.1 米
翼展	88.4 米
空重	285000 千克
最大速度	850 千米 / 小时

★ 安-225 运输机在高空飞行

安-225 运输机是安东诺夫设计局研制的六发重型运输机，1989 年开始服役，现归乌克兰所有。

•研发历史

20 世纪 80 年代中期，苏联为了运输“暴风雪”号航天飞机与其他火箭设备，开始研发安-225 运输机。由于研发时间非常短，安-225 运输机的大部分概念都是来自苏联另外一架大型运输机安-124。一号原型机在 1988 年 11 月 30 日完工出厂，并于 12 月 21 日在基

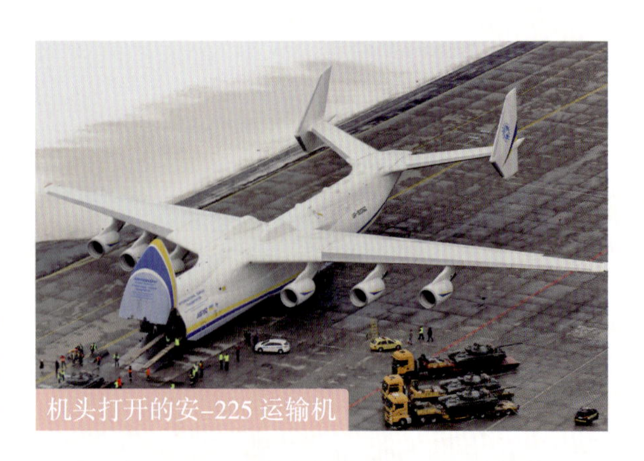

机头打开的安-225 运输机

辅进行第一次试飞，1989 年 5 月 12 日首次完成“暴风雪”号航天飞机的背负飞行。可惜的是，由于当时苏联的经济已经恶化到不足以支持昂贵的太空计划，因此“暴风雪”计划在实际发射成功一次后就被迫中止，而专门为了太空计划而设计建造的安 -225 运输机也失去了存在的意义，连正在建造中的二号机也在中途叫停。

苏联解体后，安-225 运输机由安东诺夫设计局所在的乌克兰接管，但由于该国的经济状况不佳，无力运作安-225 运输机，因此一号机从 1994 年 5 月以后就被存放在工厂的一角，机上许多主要零件也被拆下作为安-124 与安-70 运输机的备用零件，实际上等于是已经处于不能飞行的报废状态。直到 21 世纪初，安东诺夫设计局才对一号机进行了改装与机身强化，于 2000 年复飞成功。

跑道上的安-225 运输机

•机体构造

安-225 运输机最初是为了作为运输火箭用途而设计的，货舱形状非常平整，整个货舱全长 43.51 米，最大宽度 6.68 米，货舱底板宽度 6.40 米，最大高度 4.39 米。为了方便巨大货物进出，安-225 运输机与大部分大型货机一样，采用可以向上打开的“掀罩”机头，并把驾驶舱设在主甲板上方的二楼处。

•作战性能

安-225 运输机是目前世界上载重量最大、机身最长的运输机与飞机，其最大起飞重量高达 640 吨。一般认为，安-225 运输机至少有超过 300 吨的载重能力。相比之下，美国空军所拥有最大型的军用运输机 C-5 只有 118 吨的额定载重能力。由于机身庞大，安-225 运输机所能携带的油料也相对较多，因此拥有超长的续航能力。

安-225 运输机的货舱内可装载 16 个集装箱，大型航空航天器部件和其他成套设备，如天然气、石油、采矿、能源等行业的大型成套设备和部件。机身背部能负载超长尺寸的货物，如直径 7 ~ 10 米、长 20 米的精馏塔、俄罗斯的“能源”号航天器运载火箭和“暴风雪”号航天飞机。

安-225 运输机背负“暴风雪”号航天飞机

No. 55 欧洲A400M“阿特拉斯”运输机

基本参数	
机长	45.1米
机高	14.7米
翼展	42.4米
空重	76500千克
最大速度	781千米/小时

A400M运输机在高空飞行

A400M“阿特拉斯”（A400M Atlas）运输机是多个欧洲国家联合研制的四发涡轮螺旋桨运输机，2013年8月开始服役。

•研发历史

A400M运输机仰视图

A400M运输机是欧洲最大的军事合作项目，其研发计划自1993年开始启动，由设在马德里的空中客车军用机公司负责设计，多家欧洲著名公司参加了研发工作，西班牙的塞维利亚总装厂负责总装。由于研发过程困难重重，未能按照原定计划交付并且飞机造价高昂，空中客车公司一度考虑要取消这个计划。2009 年 12 月 11 日，A400M 运输机在西班牙塞维利亚首次试飞。此时，整个项目已经超支 50 亿欧元，2003 年估计每架飞机的价格为 8000 万美元，而 2009 年时已经变成至少 1.2 亿～ 1.3 亿美元。该机原计划于 2009 年开始交付用户，但直到 2013 年 8 月法国空军才接收了第一架 A400M 运输机。

A400M 运输机尾部视角

•机体构造

A400M 运输机采用悬臂式上单翼、T 形尾翼的常规气动布局，机翼采用超临界翼型设计，后掠角为 18 度，机翼下装有 4 台 TP400 涡轮螺旋桨发动机，这是西方目前功率最大的涡轮螺旋桨发动机。每侧机翼的两副螺旋桨旋转方向相反，既可以抵消螺旋桨转动产生的扭矩，又改善了螺旋桨滑流对机翼升力分布的影响，增加了机翼升力系数。为了适应在野战机场起降，A400M 运输机采用承载力强的多轮式前三点起落架。前起落架为并列双轮，主起落架为串列式六轮，宽达 6.2 米的主轮距和低压轮胎有利于飞机在前沿野战简易跑道上起降和转向。A400M 运输机的座舱具有全景夜视能力，可容纳两名机组成员，必要时可以多承载一人，负责特定任务操作。

•作战性能

A400M 运输机的独特之处在于配备了来自欧洲螺旋桨国际公司的 TP400 发动机，这是西方目前功率最大的涡轮螺旋桨发动机。A400M 运输机拥有许多先进的技术，根据空中客车公司的说法，它可以完成以前需要 3 架飞机才能完成的任务。

与大多数运输机不同，A400M 运输机的货舱截面几乎是方形的。方形货舱的好处在于增大了有效容积、降低了地板与地面之间的距离，不过相应的代价是结构强度有所损失。A400M 运输机的货舱长 17.71 米，地板宽度为 4 米，高度为 3.85 米，总容积达到了 340 立方米，超出 C-130J 运输机 2 倍。不仅如此，A400M 运输机的高度和宽度甚至超过了载重量更大的 C-141 运输机以及伊尔-76 运输机。除了可以接受空中加油外，A400M 运输机还有内置的加油管路，可以为其他飞机实施空中加油。

A400M 运输机在冰雪环境起飞

No. 56 欧洲 A310 MRTT 空中加油机

基本参数	
机长	47.4 米
机高	15.8 米
翼展	43.9 米
空重	113999 千克
最大速度	978 千米 / 小时

★ A310 MRTT 空中加油机在高空飞行

A310 MRTT（Multi Role Tanker Transport）空中加油机是在欧洲空中客车公司 A310-300 客机基础上发展而来。

•研发历史

A310 MRTT 空中加油机的改装工作由空中客车德国分公司和汉莎航空技术公司联合完成。2003 年 12 月，A310 MRTT 空中加油机首次试飞成功。2004 年 9 月，首批 A310 MRTT 空中加油机交付给德国空军和加拿大空军。按照设计目标，A310 MRTT 空中加油

停放在跑道上的 A310 MRTT 空中加油机

机将担负空中加油、空中运输、医疗救护和重要人员运输等诸多任务，但主要还是执行空中加油任务。目前，德国空军装备了4架A310 MRTT，其中有3架作为空中加油机来使用，而第四架则被用作空中急救医院。

★ A310 MRTT空中加油机仰视图

•机体构造

A310 MRTT空中加油机对A310-300客机的机翼结构、机舱构型和各种系统进行了改进，它在机翼内部原有5个中心燃油箱的基础上，可以在货舱底部加装4～5个附加中央油箱，其中前机身2个，后机身2～3个。附加中央油箱采用储油罐式，每个装有5.7吨燃油。A310 MRTT空中加油机携带的燃油容量总共达到77.5吨。该机的驾驶舱增加了1个空中加油操作员位置，用于实时监控整个加油过程。A310 MRTT空中加油机的动力装置为2台通用电气公司生产的CF6-80C2涡轮风扇发动机，单台推力为262千牛。

•作战性能

A310 MRTT空中加油机的空中加油系统由机翼吊舱和控制设备组成。机翼两侧下方分别挂载1具Mk 32B-907加油吊舱，其内部装有一根23米长的加油软管和漏斗形接头，每分钟输送燃油1500升，可以同时为2架装有受油管的作战飞机加油，实施加油操作过程中没有飞行包线限制。A310 MRTT空中加油机在飞行5550千米航程期间，可以为作战飞机加注33吨燃油，而在飞行1850千米航程、在指定空域巡航2小时期间，可以为作战飞机加注40吨燃油。作为一种多功能飞机，A310 MRTT空中加油机可以在50小时之内完成相应改装。它不仅能担负部队及物资运输任务，而且能在人道主义任务中发挥空中救援作用。

★ A310 MRTT空中加油机为2架战斗机加油

No. 57 欧洲 A330 MRTT 空中加油机

基本参数	
机长	58.8 米
机高	17.4 米
翼展	60.3 米
空重	125000 千克
最大速度	880 千米 / 小时

A330 MRTT 空中加油机在高空飞行

A330 MRTT 空中加油机是在欧洲空中客车公司 A330-200 客机基础上发展而来的，2011 年开始服役。

• 研发历史

英国空军装备的 A330 MRTT 空中加油机

21 世纪初，欧洲宇航防务集团、劳斯莱斯、泰利斯等公司联合成立了空中油轮集团，试图竞标英国“未来战略加油机”项目。空中油轮集团决定以 A330-200 客机为基础发展新型空中加油机，其结果就是 A330 MRTT 空中加油机。该机于 2007 年 6 月首次试飞，原计划于 2008 年开始服役，但因各种原因延迟到了 2011 年。

A330 MRTT 空中加油机采用了目前所能应用的各种先进技术，在总体性能、订单数量和交付时间等方面冲击着波音公司多年来在空中加油机市场的垄断地位。截至 2020 年初，A330 MRTT 空中加油机已经取得了英国空军、法国空军、荷兰空军、沙特阿拉伯空军、阿联酋空军、澳大利亚空军、新加坡空军、韩国空军的订单。

★ A330 MRTT 空中加油机仰视图

•机体构造

A330 MRTT 空中加油机装有自卫电子战设备，该机所有的燃油都装在位于机翼吊舱和机尾的油箱里，没有占用客货舱的空间。A330 MRTT 空中加油机在左右机翼下各配置一套为战斗机加油的软式锥形套管，在后机身下还设有一套为大型飞机加油的硬式伸缩套管。

A330 MRTT 空中加油机采用后掠式下单翼、后掠式垂直尾翼、后掠式下置水平尾翼，每侧机翼下各有 1 台涡轮风扇发动机。A330 MRTT 空中加油机的动力装置为 2 台通用电气公司生产的 CF6-80E1 涡轮风扇发动机，单台推力为 320 千牛。一些国家装备的 A330 MRTT 空中加油机换装了劳斯莱斯 772B 发动机或普惠 PW4170 发动机，但推力相差不大。

•作战性能

由于机体尺寸较大，A330 MRTT 空中加油机机翼内油箱的最大载油量达到了 111 吨，因此无须增加任何附加油箱，仅仅安装必要的管路系统和控制设备即可具备充足的空中加油能力。A330 MRTT 空中加油机可以在飞行 4000 千米期间，为 6 架战斗机进行空中加油，并运送 43 吨货物，或者在飞行 1850 千米、预定空域巡航 2 小时期间，为作战飞机加注 68 吨燃油。

A330 MRTT 空中加油机为 2 架 F/A-18 战斗 / 攻击机加油

No. 58 英国 VC-10K 空中加油机

基本参数	
机长	48.36 米
机高	12.04 米
翼展	44.55 米
空重	63278 千克
最大速度	933 千米 / 小时

VC-10K 空中加油机在高空飞行

VC-10K 空中加油机是英国在 VC-10 四发中远程民航客机的基础上改装而成的空中加油机，在 1978 ~ 2013 年间服役，也可作为运输机使用。

•研发历史

VC-10 客机由英国维克斯 · 阿姆斯特朗公司（1971 年改组为维克斯集团）研制，1958 年开始设计，1962 年 6 月首次试飞，1964 年 4 月加入英国航班运营。该机有标准型 VC-10 和超 VC-10 两种基本型别，其区别在于后者采用推力较大的“康威尔”涡扇发动机，垂直尾翼内增装了 1 具油箱，机身加长了 3.96 米，

VC-10K 空中加油机左侧视角

商载（航空器装载中收费的那一部分装载的重量）增大。到 1964 年年底，所有标准型 VC-10 全部交付。1970 年 2 月，最后一架超 VC-10 交付给东非航空公司后，该机停产。

自 1965 年，英国空军开始尝试将 VC-10 客机改装为战略运输机。1978 年，英国空军与英国宇航系统公司签订合同，将原英国海外航空公司（1974 年与英国欧洲航空公司合并为英国航空公司）的 5 架标准型 VC-10 和东非航空公司的 4 架超 VC-10 改装为空中加油机。20 世纪 90 年代初期，又有 5 架英国航空公司的超 VC-10 被改装为 VC-10K 空中加油机。从 2012 年开始，英国空军装备的 VC-10K 空中加油机逐渐被 A330 MRTT 空中加油机取代，2013 年全部退役。

★ VC-10K 空中加油机仰视图

• 机体构造

VC-10K 空中加油机采用全翼展前缘缝翼，两侧各有一个翼刀。尾部为 T 形尾翼，采用后三点式起落架，主起落架为四轮小车式。4 台劳斯莱斯“康威尔”Mk 301 涡轮风扇发动机分别吊装在机尾两侧，发动机推力较大，单台推力为 100.1 千牛。这种发动机布局既远离乘员舱，又紧靠机身，在一侧发动机故障时不致引起严重的不平衡推力，避免机翼装发动机吊舱对升力和阻力的影响。由于机尾安装发动机的位置的影响，水平尾翼不能安排在机身上，所以采用高水平尾翼布局。水平尾翼的控制机构需要通过垂直尾翼结构，增加了复杂性和重量。另外，维护、更换发动机操作也不方便。

• 作战性能

VC-10K 空中加油机的航程远，加油半径大，曾是英国空军的主要加油机种。该机装有英国自己生产的软管式加油设备，可同时给 3 架飞机进行空中加油。中央加油软管装在右侧的 2 台发动机之间，软管绞盘装在垂直尾翼根部的机身内。机翼下吊挂着两个 Mk 32 空中加油吊舱（内有软管绞盘）。VC-10K 空中加油机的机头装有固定的受油探管，可接受别的空中加油机加油。加油机和受油机的对接及脱离由 1 名工程师控制，可通过电视屏幕进行监控。

VC-10K 空中加油机正面视角

No. 59 英国“哨兵”侦察机

基本参数	
机长	30.3 米
机高	8.2 米
翼展	28.5 米
空重	24000 千克
最大速度	1090 千米 / 小时

★“哨兵”侦察机在高空飞行

“哨兵”（Sentinel）侦察机是美国雷神公司为英国空军研制的，2008 年开始服役。

●研发历史

1999 年 6 月，美国雷神公司被英国国防部的“机载防区外雷达”（ASTOR）飞机项目选中，使用庞巴迪公司“环球快车”公务机的机身，装备 ASARS-2 地面监视雷达系统，推出了“哨兵”侦察机。原型机于 2001 年 8 月 3 日首次试飞，第一架采用生产型机身的飞机则于 2004 年 5 月 26 日首次试飞。英国空军一共订购了 5 架“哨兵”侦察机，总投

“哨兵”侦察机进行飞行试验

入将近 10 亿英镑。由于雷达组装的问题，雷神公司一再推迟向英国空军交付“哨兵”侦察机的计划。与“哨兵”侦察机配套的两个地面站和一套训练系统在 2006 年就已交付，但“哨兵”侦察机直到 2008 年才正式服役。

在“哨兵”侦察机服役之后不足 5 年的 2010 年，英国政府打算阿富汗作战一结束就将之退役。不过，“哨兵”侦察机在阿富汗、利比亚等作战行动中表现出的高速作战能力促使英国国防部改变了想法，计划让其服役至 2025 年甚至更久。为了让“哨兵”侦察机能服役更长的时间，雷神公司计划升级双模监控雷达和卫星通信系统，为了更好评估目标毁伤结果，光学设备也计划进行升级。

•机体构造

“哨兵”侦察机采用后掠式下单翼，后掠式 T 形尾翼带下反角。该机最大的两个识别特征就是机身顶部的天线罩和腹部突出的舟形天线罩。机身顶部天线罩内装有全球卫星通信系统“动中通”的全向天线，腹部天线罩则是双模 ASARS-2 地面监控雷达系统的天线。“哨兵”侦察机的尾部吊挂 2 台劳斯莱斯 BR710 涡轮风扇发动机，单台推力为 65.6 千牛。

★“哨兵”侦察机正面视角

•作战性能

“哨兵”侦察机的 ASARS-2 雷达为合成孔径雷达，具有穿透伪装物和浅地表探测及移动目标探测的优秀能力，对地面活动小型慢速目标的作用距离达 360 千米。同时机内还搭载精密的无线电 / 移动电话截获 / 侦听 / 分析设备和光学侦察设备，还有箔条、热焰弹以及拖曳诱饵等多种自我防御装置，用以对抗地面肩扛导弹的袭击。“哨兵”侦察机的机载远程雷达白天和夜晚皆可工作，可以提供媲美卫星的大约 10 万平方千米内高清晰度地面图像。它能在几乎所有气象条件下发现任何移动的地面目标，甚至可以判断出 300 多千米外汽车的行驶速度。

★“哨兵”侦察机尾部视角

No. 60 以色列“海雕”预警机

基本参数	
机长	29.4 米
机高	7.9 米
翼展	28.5 米
空重	21909 千克
最大速度	1041 千米 / 小时

★“海雕”预警机右侧视角

“海雕”（Eitam）预警机是以色列飞机工业公司研制的空中预警机，载机为湾流 G550 公务机，配备了埃尔塔公司的 EL/W-2085 雷达。

•研发历史

21 世纪初，以色列国防部根据本国空军的作战使用需要，经过总体性能、安全性、可靠性和成本四项评估，最后选择了美国湾流公司的 G550 公务机作为其机载预警监视系统的平台。为满足埃尔塔公司加装预警雷达系统和电子设备的要求，湾流公司对 G550 公务机进

“海雕”预警机左侧视角

行了大幅度的设计改装。与以前曾经改装的大型平台方案相比，G550 公务机的总体尺寸相对较小，这给系统设计和安装带来了较大挑战。对此，埃尔塔公司充分利用自身在雷达领域的丰富经验，研制出一种更加紧凑的预警雷达系统，其核心部分是 EL/W-2085 雷达。2006 年 5 月 20 日，新预警机首次试飞，随后以色列空军将其命名为“海雕”预警机。

“海雕”预警机准备起飞

•机体构造

“海雕”预警机的机头经过修形，机尾相应加长，机身两侧分别增加了近似长方形整流罩，用于加装相控阵天线。机头部位有一个较长的“鼻子”，垂直尾翼顶部有一个整流罩。“海雕”预警机的机身不同部位共安装有 4 个有源相控阵雷达天线，可以覆盖 360 度空域，避免了“平衡木”相控阵天线受到的限制，也不会产生 E-3 预警机旋转雷达罩的阻力和平衡问题。“海雕”预警机的机舱内部分为前后两个部分，前舱用于安装雷达等电子设备，后舱为任务控制工作区，设置有 6 个工作站。

•作战性能

相比早期的 EL/M-2075“费尔康”雷达系统，“海雕”预警机的 EL/W-2085 雷达系统的尺寸明显减小，安装重量减少了近 2/3，但仍然保持着同样的扫描功率，而且基本数据处理能力提高了 200 倍，在信号处理速度上提高了 3000 倍。在综合考虑了探测精度、天线尺寸、杂波干扰和隐身目标等方面因素的基础上，“海雕”预警机的雷达系统分别采用了不同的波段。机身两侧的整流罩内，有源相控阵雷达天线工作在 L 波段，分别具有 135 度的视场，探测距离比较远，可以进行大多数跟踪。机头和机尾的有源相控阵雷达天线工作在 S 波段，机头内部装有椭圆形平面阵，视场为 40 度，机尾内部装有喇叭形天线阵列，视场为 50 度。

“海雕”预警机的雷达系统突破了以往探测隐身目标或巡航导弹时的技术瓶颈，在世界上首次采用了“探测前跟踪”技术。这是一种自 20 世纪 70 年代以来世界各国广泛研究的关键技术，主要目的是改进雷达探测小目标的能力。“海雕”预警机的雷达系统采用了“探测前跟踪”技术后，明显减少了虚警率，在无须增大天线功率的情况下，有助于相控阵雷达探测和跟踪隐身目标。一旦识别了一个可能目标的位置，相控阵雷达将把更大功率聚集在这个区域。

航展中的“海雕”预警机

第 4 章

直升机

直升机作为 20 世纪航空技术极具特色的创造之一，极大地拓展了飞行器的应用范围。直升机的突出特点是可以做低空、低速和机头方向不变的机动飞行，特别是可在小面积场地垂直起降。由于这些特点使其具有广阔的用途及发展前景。

No. 61 美国 UH-1“易洛魁”直升机

基本参数	
机长	17.4 米
机高	4.4 米
旋翼直径	14.6 米
空重	2365 千克
最大速度	220 千米 / 小时

★ 美国空军装备的 TH-1F 直升机

UH-1“易洛魁”（Iroquois）直升机是美国贝尔公司研发的通用直升机，1959 年开始服役，截至 2020 年初仍有部分型号在役。

●研发历史

美国陆军于 1954 年提出招标，1955 年 2 月选中贝尔直升机公司的方案，公司内部代号定为 204，军方初期代号为 H-40。1956 年 10 月 20 日，三架原型机中的第一架首次飞行，接着又研制 6 架 YH-40 试用型和 9 架预生产型 HU-1。1958 年 9 月第一架 HU-1

美国空军装备的 UH-1P 直升机

首次试飞，1959 年 6 月 30 日开始交付，并被命名为 HU-1“易洛魁”直升机。1963 年，改用 UH-1 编号。该机衍生型号众多，总产量超过 16000 架，美国各大军种都有采用，其中美国空军使用的型号包括 UH-1F、TH-1F、HH-1H、UH-1N 和 UH-1P 等。

美国空军装备的 HH-1H 直升机

•机体构造

UH-1 直升机采用单旋翼带尾桨形式，扁圆截面的机身前部是一个座舱，可乘坐正副飞行员（并列）及乘客多人，后机身上部是一台莱卡明 T53 系列涡轮轴发动机及其减速传动箱，驱动直升机上方是由两片桨叶组成的半刚性跷跷板式主旋翼。UH-1 直升机的起落架是十分简洁的两根杆状滑橇。机身左右开有大尺寸舱门，便于人员及货物的上下。

•作战性能

UH-1 直升机可以搭载多种武器，常见配置为 2 挺 7.62 毫米 M60 机枪或 2 挺 7.62 毫米 GAU-17 机枪，加上两具 7 发或 19 发 91.67 毫米火箭吊舱。该机早期型号装有一台 T53-L-11 涡轮轴发动机，功率为 820 千瓦；后期型号换装了 T53-L-13B 涡轮轴发动机，功率为 1045 千瓦。

美国空军装备的 UH-1N 直升机

No. 62 美国 UH-60 “黑鹰”直升机

基本参数	
机长	19.76 米
机高	5.13 米
旋翼直径	16.36 米
空重	4819 千克
最大速度	357 千米 / 小时

★ UH-60 直升机右侧视角

UH-60 “黑鹰”（Black Hawk）直升机是美国西科斯基公司研制的通用直升机，1979 年开始服役。

●研发历史

1972 年，为了替换老旧的 UH-1 “易洛魁” 直升机，美国陆军展开了通用战术运输机系统（UTTAS）计划，研制用于部队运送、指挥控制、伤员撤离以及侦察的新型直升机。西科斯基和波音两家公司进行了竞标，两种飞机均于 1974 年首次试飞。1976 年 12 月，西

美国空军装备的 HH-60G 直升机

科斯基公司的YUH-60A赢得了合同，定型为UH-60“黑鹰”直升机。1979年，UH-60直升机正式服役。该机的衍生型号非常多，美国各大军种均有使用，美国空军主要使用HH-60系列。除美国外，还有20余个国家和地区购买了“黑鹰”系列直升机。

★ 美国空军装备的HH-60W直升机

●机体构造

UH-60直升机采用四片桨叶全铰接式旋翼系统，旋翼由钛合金和玻璃纤维制造，直径为16.36米，可以折叠。为改善旋翼的高速性能，还采用了先进的后掠桨尖技术。四片尾桨设在尾梁左侧，以略微上倾的角度安装，可协助主旋翼提供部分升力。另外尺寸很大的水平尾翼还可增加飞行中的稳定性。UH-60直升机采用两台通用动力公司生产的T700-GE-700涡轮轴发动机，并列安装于机身顶部的两肩位置。两台发动机由机身隔开，相距较远，如有一台被击中损坏，另一台仍可继续工作。

●作战性能

与UH-1直升机相比，UH-60直升机大幅提升了部队容量和货物运送能力。在大部分天气情况下，3名机组成员中的任何一个都可以操纵直升机运送全副武装的11人步兵班。拆除8个座位后，可以运送4个担架。此外，还有一个货运挂钩用于执行外部吊运任务。UH-60直升机通常装有2挺7.62毫米机枪，1具19联装70毫米火箭发射巢，还可发射AGM-119“企鹅”反舰导弹和AGM-114“地狱火”空对地导弹。

美国空军HH-60G直升机起飞

No. 63 苏联 / 俄罗斯米-8 直升机

基本参数	
机长	18.17 米
机高	5.65 米
旋翼直径	21.29 米
空重	7260 千克
最大速度	260 千米 / 小时

米-8 直升机仰视图

米-8 直升机是米里设计局研制的中型直升机，除了担任运输任务以外，还能够加装武器进行火力支援。

● 研发历史

1958 年，苏联政府通过了研制装有单涡轴发动机的 V-8 直升机的决定。同年，米里设计局制订出 V-8 直升机的设计方案并获得了苏联空军的支持，此后开始全面设计。1960 年 5 月，苏联政府又做出在研制单发 V-8 直升机的同时，还要研制双发的 V-8A 直升机的决

米-8 直升机在低空飞行

定。1961年夏，第一架V-8原型机完成了总装，同年6月首次试飞。第二架原型机只是作为地面试验机，没有进行试飞。1962年9月，装有4片桨叶旋翼系统的双发V-8A直升机试飞。1964年，V-8A直升机开始换装5片桨叶的旋翼系统，并于1965年8月进行试飞。1967年，V-8直升机正式服役，并改称为米-8。在之后的数十年里，米-8直升机发展了多种型号，总产量超过17000架。除苏联外，还有60多个国家采用。

米-8直升机尾部视角

•机体构造

米-8直升机的机身为传统的全金属截面半硬壳短舱加尾梁式结构，分前机身、中机身、尾梁和带有固定平尾的尾斜梁，主要材料为铝合金，尾部使用一些钛合金和高强度钢。机身前部为驾驶舱，驾驶舱可容纳正、副驾驶员和随机机械师。驾驶舱每侧都有可向后滑动的大舱门，驾驶室风挡装有电加热的硅酸盐玻璃，顶棚上还有检查发动机的舱口。

•作战性能

米-8直升机的座舱内装有承载能力为200千克的绞车和滑轮组，以装卸货物和车辆。座舱外部装有吊挂系统，可以用来运输大型货物。米-8直升机的武装型可以加装各种武器。一般在两侧加挂火箭弹发射器，每个发射器内装57毫米火箭弹16枚，共128枚。机头可以加装12.7毫米机枪，也可在挂架上加挂共192枚火箭弹和4枚“斯瓦特”红外制导反坦克导弹（AT-2），或换装65枚“萨格尔”反坦克导弹（AT-3）。

波兰空军装备的米-8直升机

No. 64 苏联 / 俄罗斯米-26 直升机

基本参数	
机长	40.03 米
机高	8.15 米
旋翼直径	32 米
空重	28200 千克
最大速度	295 千米 / 小时

★ 米-26 直升机左侧视角

米-26 直升机是米里设计局研制的重型运输直升机，是当今世界上仍在服役的最重、最大的直升机。

•研发历史

米-26 直升机于 1977 年 12 月首次试飞。1981 年 6 月，米-26 预生产型在巴黎航空展览会上首次公开展出。1982 年，米里设计局开始研制米-26 军用型。1983 年，米-26 直升机进入苏联空军服役。1986 年 6 月，米-26 直升机开始出口印度。

米-26 直升机编队飞行

•机体构造

米-26 直升机是一种双引擎重型运输直升机，采用传统的全金属铆接的半硬壳式吊舱尾梁结构。蚌壳式后舱门，备有折叠式装卸跳板。为了防火，发动机舱用钛合金制成。机身下部为不可收放前三点轮式起落架，每个起落架有两个轮胎，前轮可操纵转向，主起落架的高度还可做液压调节。

★ 米-26 直升机头部视角

•作战性能

米-26 直升机只比米-6 直升机略重一点，却能吊运 20 吨的货物。米-26 直升机货舱空间巨大，如用于人员运输可容纳 80 名全副武装的士兵或 60 张担架床及 4 ~ 5 名医护人员。货舱顶部装有导轨并配有两个电动绞车，起吊重量为 5 吨。米-26 直升机具备全天候飞行能力，往往需要远离基地到完全没有地勤和导航保障条件的地区独立作业。

米-26 直升机在高空飞行

No. 65 苏联 / 俄罗斯卡-60 直升机

基本参数	
机长	15.6 米
机高	4.6 米
旋翼直径	13.5 米
空重	6500 千克
最大速度	300 千米 / 小时

卡-60 直升机在低空飞行

卡-60 直升机是卡莫夫设计局研制的多用途直升机，截至 2020 年初仍未正式服役。

•研发历史

航展上的卡-60 直升机

卡莫夫设计局于 1990 年开始制造卡-60 原型机，1998 年 12 月 24 日首次试飞。由于苏联解体后俄罗斯经济情况窘迫，该机一直未能量产，直到 2010 年后才开出生产线。该机主要有卡-60、卡-60U、卡-60K 和卡-60R 等型号，并衍生出了卡-62民用直升机。目前，俄罗斯空军已有100架列装计划。

卡-60直升机俯视图

•机体构造

卡-60直升机是一种双发多用途直升机，它放弃了卡莫夫设计局传统的共轴反转旋翼布局，总体为4片桨叶旋翼和涵道式尾桨布局，可收放式三点吸能起落架。该机有完美的空气动力外形，每侧机身都开有大号舱门，尾桨有11片桨叶。座舱内的座椅具有吸收撞击能量的能力。早期型号的动力装置为两台诺维科夫设计局生产的TVD-1500涡轮轴发动机，单台功率为970千瓦。后期的卡-60R换装两台劳斯莱斯RTM322涡轮轴发动机，单台功率为1395千瓦。

•作战性能

卡-60直升机可以负担攻击、巡逻、搜索、救援行动、医疗后送、训练、伞兵空投和空中侦察等多种任务，其座舱可搭载12～14名乘客，作为领导人专机时安装5个座椅。卡-60直升机的机身涂满特殊材料并大量采用其他隐形技术，使其对光电子、红外线和雷达辐射的反射面大大减小，具有很强的隐形性能。此外，该机的高机动性也可使飞机的生存力大大增强。设计人员在研制过程中尤其重视提高卡-60直升机的战场生存能力，机上所有的系统和单元都是双重并且分开的。该机结构重量的60%为复合材料，有效提高了生存力和抗战斗损伤能力。油箱中填充了泡沫材料以防止燃油起火爆炸。

卡-60直升机准备降落

No. 66 英国 / 法国 SA 341/342 “小羚羊”直升机

基本参数	
机长	11.97 米
机高	3.15 米
旋翼直径	10.5 米
空重	908 千克
最大速度	310 千米 / 小时

★“小羚羊”直升机左侧视角

SA 341/342“小羚羊”（Gazelle）直升机是由法国宇航公司（现欧洲宇航防务集团）和英国韦斯特兰公司共同研制的轻型直升机。

●研发历史

“小羚羊”直升机编队飞行

“小羚羊”直升机的研制计划最初由法方提出，旨在取代“云雀”Ⅱ直升机。“小羚羊”直升机在 1964 年开始设计，1967 年法国和英国签订共同研制及生产的协议。第一架原型机称为 SA 340，1967 年 4 月 7 日首次试飞。第二架原型机称为 SA 341，1968 年 4 月首次试飞。经过改进的第一架预生产型在 1971 年 8 月 6 日首次试飞。该机有 SA 341B、SA 341C、SA 341D、SA 341E、SA 341F、SA 341G、SA 341H、SA 342J、SA 342K、SA 342L、SA 342L1、SA 342M 等多种型号，除了法国和英国外，埃及和南斯拉夫也取得了“小羚羊”直升机的专利生产权。此外，伊拉克、爱尔兰、摩洛哥、安哥拉、塞尔维亚等国家也有采用。

•机体构造

“小羚羊”直升机采用三片半铰接式 NACA0012 翼形旋翼，可人工折叠。尾桨为法国直升机常见的涵道式，带有桨叶刹车。座舱框架为轻合金焊接结构，安装在普通半硬壳底部机构上。底部结构主要由轻合金蜂窝夹芯板和纵向盒等构成。机体大量使用夹芯板结构。起落架为钢管滑橇式，可加装机轮、浮筒和雪橇等。

塞尔维亚空军装备的“小羚羊”直升机

•作战性能

“小羚羊”直升机的固定武器为 1 门 20 毫米机炮或 2 挺 7.62 毫米机枪，并可携带 4 枚“霍特”反坦克导弹或 2 具 68 毫米（或 70 毫米）火箭吊舱。“小羚羊”直升机的动力装置为一台“阿斯泰阻”Ⅲ A 涡轮轴发动机，功率为 640 千瓦。机上有两个主油箱，总容量为 545 升，另有一个位于座舱后方的 200 升转场油箱。机上装有发动机驱动的 4 千瓦直流发电机和 40 安时电池，向 28 伏直流电系统供电。此外，也可选用 26 伏直流电系统。

“小羚羊”直升机右侧视角

No. 67 英国 / 意大利 EH 101 “灰背隼”直升机

基本参数	
机长	22.81 米
机高	6.65 米
旋翼直径	18.59 米
空重	10500 千克
最大速度	309 千米 / 小时

★ EH 101 直升机在高空飞行

EH 101“灰背隼”（Merlin）通用直升机是英国韦斯特兰公司和意大利阿古斯塔公司联合研制的中型通用直升机，1999 年开始服役。

●研发历史

EH 101 直升机于 1987 年 10 月首次试飞，1994 年 11 月取得英国和意大利民用适航证书，同时获得美国联邦航空局的适航批准。1999 年，EH 101 直升机正式服役，主要用户包括英国空军、英国海军、意大利空军、土库曼斯坦空军、沙特阿拉伯空军、葡萄牙空军、挪威空军等。

停放在跑道上的 EH 101 直升机

●机体构造

★ EH 101 直升机尾部视角

EH 101 直升机的机身结构由传统和复合材料构成，设计上尽可能采用多重结构式设计，在主要部件受损后仍能起作用。EH 101 直升机各个型号的机身结构、发动机和航空电子系统基本相同，主要区别在于执行不同任务时所需的特殊设备。该机的动力系统采用了主动振动控制技术，机舱内的噪音和振动不大于采用涡扇发动机的飞机。因此，乘员的疲劳程度大大降低，机身寿命得到延长。

●作战性能

EH 101 直升机具有全天候作战能力，可用于运输、反潜、护航、搜索救援、空中预警和电子对抗等。执行运输任务时，EH 101 直升机可装载两名飞行员和 35 名全副武装的士兵，或者 16 副担架加一支医疗队。EH 101 直升机的动力装置为 3 台劳斯莱斯 RTM322-01 涡轮轴发动机，单台功率为 1566 千瓦。

EH 101 直升机仰视图

No. 68 法国 SA 316/319 “云雀”Ⅲ直升机

基本参数	
机长	10.03 米
机高	3 米
旋翼直径	11.02 米
空重	1143 千克
最大速度	210 千米 / 小时

★“云雀”Ⅲ直升机在高空飞行

SA 316/319“云雀”Ⅲ（Alouette Ⅲ）直升机是法国宇航公司研制的轻型通用直升机，已被数十个国家采用，广泛装备各国空军部队，部分国家的海军和陆军也有采用。

•研发历史

“云雀”Ⅲ直升机分为 SA 316 系列和 SA 319 系列，前者于 1959 年 2 月 28 日首次试飞，1961 年开始生产，先后有 SE-316A、SA 316B 和 SA 316C 等型号。SA 319 是 SA 316C 的发展型，1971 年开始生产，安装“阿斯泰勒”XIV 涡轮轴发动机，增加

罗马尼亚空军装备的“云雀”Ⅲ直升机

了发动机的效率，减少了耗油量。时至今日，“云雀”Ⅲ直升机已被 70 余个国家采用，足见其性能优异。

机体构造

★“云雀”Ⅲ直升机尾部视角

“云雀”Ⅲ直升机为单旋翼带常规尾桨布局，旋翼有 3 片全金属结构桨叶。机身上部装有一台“阿都斯特”Ⅲ B 型涡轮轴发动机，最大功率为 649 千瓦。机体下部为不可收放前三点轮式起落架。机舱内除驾驶员座椅外，其他座椅均可拆除，以便装运货物。

作战性能

“云雀”Ⅲ直升机的军用型可以安装 7.62 毫米机枪或者 20 毫米机炮，还能外挂 4 枚 AS11 或者 2 枚 AS12 有线制导导弹，用于攻击装甲车辆或小型舰艇。“云雀”Ⅲ直升机的反潜型安装了磁场异常探测仪，并可携带鱼雷攻击潜艇。此外，有的“云雀”Ⅲ直升机还安装了能起吊 175 千克重量的救生绞车。

“云雀”Ⅲ直升机在低空飞行

No. 69 法国 SA 330“美洲豹”直升机

基本参数	
机长	18.15 米
机高	5.14 米
旋翼直径	15 米
空重	3536 千克
最大速度	257 千米 / 小时

★ 南非空军装备的“美洲豹”直升机

SA 330“美洲豹”（Puma）直升机是法国宇航公司研制的中型通用直升机，1968 年开始服役。

•研发历史

SA 330“美洲豹”直升机于 1965 年 4 月首次试飞，1968 年开始批量生产，同年正式服役，1987 年停止生产，总产量为 697 架。除法国空军和陆军使用外，该机还出口到 30 多个国家。在 20 世纪 70 ~ 80 年代，“美洲豹”直升机成为许多国家空军装备的标准中型运

英国空军装备的“美洲豹”直升机

输直升机，直到美国西科斯基公司的“黑鹰”直升机面世之后才取代其地位。

“美洲豹”直升机左侧视角

•机体构造

“美洲豹”直升机有一个相对较高的粗短机身，尾撑平直，机身背部并列安装两台透博梅卡“透默”ⅣC型涡轮轴发动机，单台功率为1175千瓦。机头为驾驶舱，主机舱开有侧门。“美洲豹”直升机是一种带尾桨的单旋翼布局直升机，旋翼为4叶，尾桨为5叶。该机采用前三点固定起落架，机舱上方有进气口，后部机身设有浮筒。

•作战性能

“美洲豹”直升机可以装载16名武装士兵或8副担架加8名轻伤员，也可运载货物，机外吊挂能力为3200千克。该机可视要求搭载导弹、火箭，或在机身侧面与机头分别装备20毫米机炮及7.62毫米机枪。

“美洲豹”直升机运送士兵

No. 70 德国 BO 105 直升机

基本参数	
机长	11.86 米
机高	3 米
旋翼直径	9.84 米
空重	1276 千克
最大速度	242 千米 / 小时

BO 105 通用直升机左侧视角

BO 105 直升机是德国伯尔科夫公司研制的双发轻型多用途直升机，1970 年开始服役。

•研发历史

1962 年，伯尔科夫公司根据对民用市场、军用要求、技术发展趋势和自身技术水平的调查研究，提出了 BO 105 直升机的研制计划。新式直升机于 1962 年 7 月开始初步设计，1966 年首次试飞。20 世纪 70 年代初，BO 105 直升机开始批量生产，总产量超过 1500 架，智利、阿尔巴尼亚、伊拉克、荷兰、尼日利亚、秘鲁、菲

★ BO 105 直升机在高空飞行

律宾、瑞典等国家的空军均有装备。

BO 105 直升机正面视角

•机体构造

BO 105 直升机的机身为普通半硬壳式结构，座舱前排为正、副驾驶员座椅，座椅上有安全带和自动上锁的肩带。后排座椅可坐 3 ~ 4 人，座椅拆除后可装两副担架或货物。座椅后和发动机下方的整个后机身都可用于装载货物和行李，货物和行李的装卸通过后部两个蚌壳式舱门进行。机舱每侧都有一个向前开的铰接式可抛投舱门和一个向后的滑动门。该机使用普通的滑橇式起落架，舰载使用时可以改装成轮式起落架。

•作战性能

BO 105 直升机可用于运输、侦察、海上巡逻、反坦克、救援及通信等任务。该机可携带“霍特”或“陶”式反坦克导弹，还可选用 7.62 毫米机枪、20 毫米 RH202 机炮以及无控火箭弹等武器。空战时，还可使用 R550“魔术”空对空导弹。

贴地飞行的 BO 105 直升机

No. 71 印度 LCH 直升机

基本参数	
机长	15.8 米
机高	4.7 米
旋翼直径	13.3 米
空重	2250 千克
最大速度	330 千米 / 小时

★ LCH 直升机在高空飞行

LCH（Light Combat Helicopter）直升机是由印度斯坦航空公司（HAL）研制的轻型武装直升机，计划装备印度空军和陆军部队。

●研发历史

LCH 直升机是在 ALH“北极星”先进轻型直升机的基础上进行设计的，使用了包括发动机和旋翼系统在内的多种 ALH 组件。其仪表设备、头盔和机身设计都在 ALH 上得到了验证。LCH 直升机的研制进度屡屡延期，原计划 2008 年的首次试飞一直拖延到 2010 年 3 月。

LCH 直升机左侧视角

目前，LCH 直升机已经获得了印度空军 65 架、印度陆军 114 架的订单，首批 LCH 直升机计划于 2020 年内正式服役。

LCH 直升机头部视角

●机体构造

LCH 直升机采用纵列阶梯式布局，机身外形狭窄，阻力较小。这种布局的缺点是后座飞行员下方视界较差，更重要的是会增加飞机的重量。为了解决机体增重而导致飞机技战术性能下降的问题，LCH 直升机采用较大比例的复合材料，以求最大限度地降低飞机的空重，并提高直升机的隐身能力。LCH 直升机的动力装置为透博梅卡“阿蒂丹”1H 发动机，最大功率达到 1000 千瓦。

●作战性能

由于 LCH 直升机在研发过程中突出了高海拔地区的适应能力，具有高原作战能力，将显著增强印度空军小型、高机动飞行作战部队的实力。LCH 直升机可搭载的武器包括 20 毫米 M621 型机炮、“九头蛇”70 毫米机载火箭发射器、“西北风”空对空导弹、高爆炸弹、反辐射导弹和反坦克导弹等。多种武器装备拓展了 LCH 直升机的作战任务，除了传统的反坦克和火力压制任务外，LCH 直升机还能攻击敌方的无人机和直升机，以及掩护特种部队机降。

LCH 直升机降落

第5章

无人机

无人机是利用无线电遥控设备和自备的程序控制装置操纵的不载人飞机。与载人飞机相比，它具有体积小、造价低、使用方便、对作战环境要求低、战场生存能力较强等优点。

No. 72 美国 D-21 无人机

基本参数	
机长	12.8 米
机高	2.14 米
翼展	5.79 米
空重	5000 千克
最大速度	3560 千米 / 小时

★ D-21 无人机俯视图

D-21 无人机是美国洛克希德公司于 20 世纪 60 年代研制的高速高空无人侦察机，1969 年开始服役。

•研发历史

由大型飞机携带的 D-21 无人机

D-21 无人机从 1962 年 10 月开始研发，保密代号为“标签板”，原本称为洛克希德 Q-12 设计案。最初，“标签板”项目由美国中央情报局的“黑色项目经费”支持。后来美国空军认为将来可以使用这种无人驾驶飞机向遥远的敌方纵深地带空投核弹，所以也对这种飞机的设计充满了兴趣，后来也积极参与进来，与中央情报局共同出资。D-21 无人机最初以 A-12 高速侦察机为搭载母机，后者经过改装命名为 M-21。1969 年，D-21 无人机开始服役。该机一共制造了 38 架。由于 M-21 母机出击成本过高，D-21 无人机后来改以 B-52 轰炸机为母机。1971 年 3 月 20 日，编号为“527”的 D-21 无人机执行了第四次也是最后一次任务。

D-21 无人机左侧视角

• 机体构造

D-21 无人机的机体很小，外形符合隐形原理，再加上机首和机翼前缘采用可减少电磁波反射的特殊塑胶制造，使得它有很小的雷达横截面。D-21 无人机的机体采用了当时价格极为昂贵的钛合金，为了利于散热和减少光反射率，机体表面有黑色涂层。D-21 无人机的设备舱内装有照相机和胶片盒。照相机通过一个嵌有 3 块玻璃的窗口向下拍照。舱内还装有惯性导航系统、自动飞行控制系统和用计算机存储的航行程序系统等主要航空电子设备。三轴速率陀螺位于无人机重心附近。

• 作战性能

D-21 无人机的使用方式是：先由大型飞机（母机）携带飞行，在靠近对方防空严密地带的公海上空由母机释放；无人机离开母机后，利用自身的冲压发动机以超过 3 马赫的速度飞向遥远的目标地区；无人机上的侦察系统自动工作；情报收集之后，无人机将飞回到出发点的公海上空，在指令控制下，在指定地点空投装有照相胶卷的密封回收舱，然后飞机自毁坠落大海。D-21 无人机采用了当时世界最先进的整体式冲压发动机（RJ43-MA-20S4 冲压发动机），速度高达 3560 千米 / 小时，升限高达 29000 米。在 20 世纪 70 年代初期，任何防空武器（包括美国自身在内）都无法击落该机。

★ B-52 轰炸机的机翼下挂载的 D-21 无人机

No. 73 美国 MQ-1 "捕食者"无人机

基本参数	
机长	8.22 米
机高	2.1 米
翼展	14.8 米
空重	512 千克
最大速度	217 千米 / 小时

"捕食者"无人机在高空飞行

MQ-1 "捕食者"(Predator)无人机是美国通用原子技术公司研制的无人攻击机，1995 年开始服役。

•研发历史

"捕食者"无人机右侧视角

"捕食者"无人机被设计作为一架空中监视和无人侦察机，最初编号为 RQ-1，因应需要在 2002 年开始有部分 RQ-1 被改装为攻击用途。2005 年，具备攻击能力的 MQ-1 正式出现，"捕食者"无人机因此成为一种多功能的载具。自 1995 年服役以来，"捕食者"无人机参加过阿富汗、波斯尼亚、塞尔维亚、伊拉克、也门和利比亚的战斗。2011 年 9 月，美国空军国民警卫队表示尽管存在预算削减的困难，他们仍将继续操作"捕食者"无人机。

•机体构造

“捕食者”无人机采用低置直翼、倒V形垂尾、收放式起落架、推进式螺旋桨，传感器炮塔位于机头下面，上部机身前方呈球茎状。该机的动力装置为一台罗塔克斯914F涡轮增压四缸发动机，最大功率为86千瓦。

“捕食者”无人机仰视图

•作战性能

“捕食者”无人机可在粗略准备的地面上起飞升空，起降距离约为670米，起飞过程由遥控飞行员进行视距内控制。在回收方面，“捕食者”无人机可以采用软式着陆和降落伞紧急回收两种方式。“捕食者”无人机可以在目标上空逗留24小时，对目标进行充分的监视，最大续航时间高达60小时。该机的侦察设备在4000米高处的分辨率为0.3米，对目标定位精度达到极为精确的0.25米。除了执行侦察任务外，“捕食者”无人机也可携带2枚AGM-114“地狱火”导弹用于攻击。

“捕食者”无人机左侧视角

No. 74 美国 RQ-4“全球鹰”无人机

基本参数	
机长	14.5 米
机高	4.7 米
翼展	39.9 米
空重	3850 千克
最大速度	629 千米 / 小时

“全球鹰”无人机在高空飞行

RQ-4“全球鹰”（Global Hawk）无人机是美国诺斯洛普 · 格鲁曼公司研制的无人侦察机，可以为后方指挥官提供综观战场或监视局部目标的能力。

•研发历史

“全球鹰”无人机右侧视角

“全球鹰”无人机是世界上最先进的无人侦察机之一，具有从敌占区域全天候不间断提供数据的能力，其角色类似于 U-2“蛟龙夫人”侦察机。“全球鹰”无人机于 1995 年开始研制，1998 年 2 月 28 日首次飞行，1999 年 6 月 ~ 2000 年 6 月是“全球鹰”无人机在美军组织下的部署和评估阶段。2000年6月，完整的“全球鹰”无人机系统被部署到爱德华兹空军基地。

“全球鹰”无人机仰视图

•机体构造

“全球鹰”是一种巨大的无人机，其翼展和一架中型客机相近。机身为平常的铝合金材料，机翼则是碳纤维材料。整个“全球鹰”系统分为四个部分，即机体、侦测器、航空电子系统、资料链。地上主要有两大部分，即发射维修装置（LRE）和任务控制装置（MCE）。LRE负责发射和维修机体，还能配合地面支援设施。MCE用于任务规划、遥控控制、指挥调度，还能处理和转送影像侦察资料。

•作战性能

“全球鹰”无人机的飞行控制系统采用全球定位系统（GPS）和惯性导航系统，可自动完成从起飞到着陆的整个飞行过程。该机的动力装置为1台劳斯莱斯F137-RR-100涡扇发动机。机载燃料超过7吨，自主飞行时间长达41小时，可以完成跨洲际飞行。它可在距发射区5556千米的范围内活动，可在目标区上空18300米处停留24小时。“全球鹰”无人机的地面站和支援舱可使用1架C-5或2架C-17运输机运送，“全球鹰”无人机本身则不需要空运，因为其续航时间够长，能飞到需要的目的地。

“全球鹰”无人机可同时携带光电、红外传感系统和合成孔径雷达。光电传感器工作在0.4～0.8微米波段，红外传感器工作在3.6～5微米波段。合成孔径雷达获取的条幅式侦察照片可精确到1米，定点侦察照片可精确到0.3米。对以每小时20～200千米行驶的地面移动目标，可精确到7千米。“全球鹰”无人机能与现有的联合部署智能支援系统和全球指挥控制系统联结，图像能直接而实时地传给指挥官使用，用于指示目标、预警、快速攻击与再攻击、战斗评估。

“全球鹰”无人机俯视图

No. 75 美国 MQ-9“收割者”无人机

基本参数	
机长	11 米
机高	3.8 米
翼展	20 米
空重	2223 千克
最大速度	482 千米 / 小时

★“收割者”无人机在高空飞行

MQ-9“收割者”(Reaper)无人机是美国通用原子技术公司研发的长程作战无人机，2007 年开始服役。

●研发历史

1994 年 1 月，美国通用原子技术公司获得了美国空军中高度远程“捕食者”无人机计划的合同。在竞争中击败诺斯洛普·格鲁曼公司后，通用原子技术公司于 2002 年 12 月正式收到美国空军的订单，制造 2 架“捕食者”B 型无人机，之后正式命

“收割者”无人机在高空飞行

名为 MQ-9“收割者”无人机。截至 2020 年 2 月，美国空军已经装备了超过 160 架“收割者”无人机。

“收割者”无人机仰视图

•机体构造

“收割者”无人机装备有先进的红外设备、电子光学设备以及微光电视和合成孔径雷达。每架“收割者”无人机都配备一名飞行操作员和一名传感器操作员，他们在地面控制站内实现对“收割者”无人机的作战操控。

•作战性能

“收割者”无人机拥有不俗的对地攻击能力，并拥有卓越的续航能力，可在战区上空停留数小时之久。此外，“收割者”无人机还可以为空中作战中心和地面部队收集战区情报，对战场进行监控，并根据实际情况开火。相比“捕食者”无人机，“收割者”无人机的动力更强，飞行速度可达“捕食者”无人机的 3 倍，而且拥有更大的载弹量，装备 6 个武器挂架，可搭载“地狱火”导弹和 500 磅（1 磅 =0.45 千克）炸弹等武器。

装有导弹的“收割者”无人机

No. 76 美国 RQ-11 “渡鸦”无人机

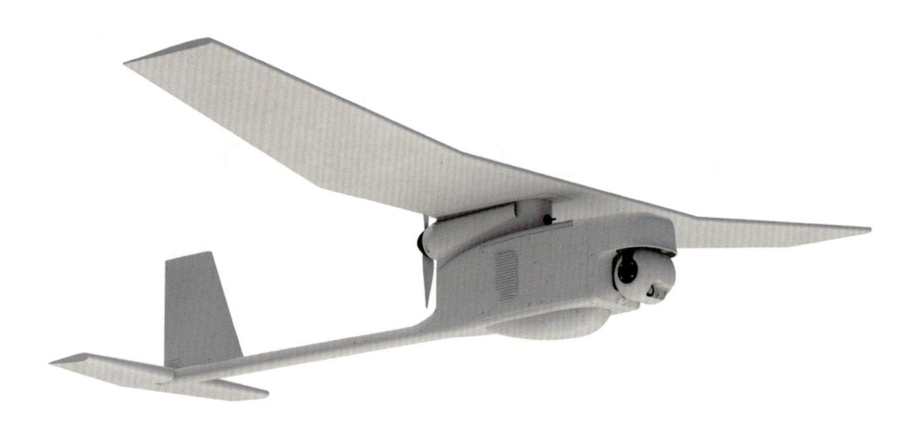

基本参数	
机长	0.92 米
翼展	1.37 米
空重	1.9 千克
最大速度	30 千米 / 小时
续航距离	10 千米

RQ-11 无人机在高空飞行

RQ-11“渡鸦”（Raven）无人机是美国航宇环境公司研制的小型无人侦察机，2003 年开始服役。

●研发历史

RQ-11“渡鸦”无人机的前身是同样由航宇环境公司研发的 FQM-151“游标犬”无人机，后者于 1999 年开始服役。之后，航宇环境公司在其基础上研制出 RQ-11“渡鸦”无人机，2001 年 10 月首次试飞，2002 年开始实际军事部署，2003 年正式服役。该机的总产量超过 19000 架，美国空军、美国

停在地面的 RQ-11 无人机

陆军、美国海军陆战队及美军多支特种部队均有采用。

RQ-11 无人机仰视图

•机体构造

RQ-11 无人机的机体由“凯夫拉”材料制造，在设计上考虑了抗坠毁性能，不易发生解体。其机身非常小巧，分解后可以放入背包内携带。该机可以从地面站进行遥控，也可以使用 GPS 导航从而完全自动执行任务。RQ-11 无人机系统有两名操作人员，一名飞机操作员负责控制无人机，一名任务操作员负责观察无人机系统传回的图像。

•作战性能

RQ-11 无人机由一具输出功率约为 0.3 千瓦的电动马达所驱动，能在 150 米高度持续飞行约 10 千米的距离，或可爬升至平均海拔 4500 米的高空。通过机上的航空电子系统与卫星定位导航的帮助，RQ-11 无人机能根据需要以人工遥控或自动导航的方式飞行。利用 RQ-11 无人机，战场上的士兵不需要实际冒险进入敌境就能进行侦察工作，因而降低行踪暴露并遭攻击导致伤亡的可能。

美军士兵放飞 RQ-11 无人机

No. 77 美国 RQ-170 “哨兵”无人机

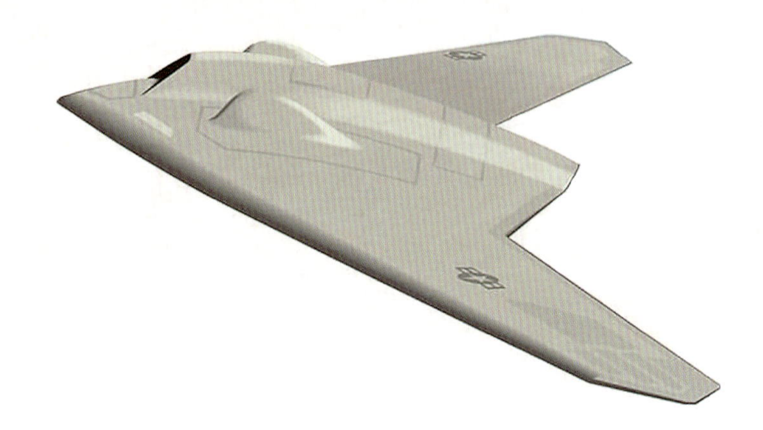

基本参数	
机长	4.5 米
机高	1.8 米
翼展	20 米
空重	未公开
最大速度	未公开

RQ-170 无人机艺术想象图

RQ-170 “哨兵”（Sentinel）无人机是美国洛克希德·马丁公司研制的隐形无人侦察机，2007 年开始服役。

●研发历史

21 世纪初，美国国防部决心研发一种隐形无人机，以避免涉密装备和机组成员落入其他国家。RQ-170 无人机正是在这种背景下诞生的。它由洛克希德·马丁公司著名的“臭鼬”工厂设计，与之前的一些隐形无人机在设计上有相似之处。RQ-170 无人机于 2007 年正

RQ-170 无人机正面视角

式服役，因在阿富汗的坎大哈国际机场首次露面，所以也被称为“坎大哈野兽”。该机一共生产了20架左右，美国空军是唯一用户。

•机体构造

RQ-170无人机沿用了“无尾飞翼式”的设计理念，外形与B-2隐形轰炸机相似，如同一支回旋飞镖。与F-117A隐形战斗机和B-2隐形轰炸机不同的是，RQ-170的机翼并没有遮蔽排气装置，这样做的目的可能是为了避免敏感部件进入飞机平台后遭遇操作损失，并最终导致这样的技术误入他人之手。

RQ-170无人机左侧视角

•作战性能

由于美国军方尚未完全公开RQ-170无人机的信息，因此外界对其作战性能知之甚少。根据公开来源的图像，航空专家估计RQ-170无人机配备了电光/红外传感器，机身腹部的整流罩上还可能安装有主动电子扫描阵列雷达。机翼之上的两个整流罩装备数据链，机身腹部和机翼下方的整流罩安装模块化负载，从而允许无人机实施武装打击并执行电子战任务。另外，RQ-170无人机甚至可能配备高能微波武器。

RQ-170无人机在高空飞行

No. 78 美国 X-37B 无人机

基本参数	
机长	8.9 米
机高	2.9 米
翼展	4.5 米
空重	3500 千克
最大速度	28044 千米 / 小时

停放在跑道上的 X-37B 无人机

X-37B 无人机是美国波音公司研制的世界上第一架既能在地球轨道上飞行，又能进入大气层的无人航空器。

•研发历史

X-37B 无人机正在接受检修

1998 年，美国国家航空航天局的马歇尔研究中心提出了 Future-X 计划，其结果就是X-37A 无人机。2006 年 11 月，美国空军宣布将在 X-37A 无人机的基础上发展 X-37B 无人机。2010 年 4 月 22 日，X-37B 无人机进行首次轨道试验。2012 年 12 月 11 日,X-37B

无人机自佛罗里达州卡纳维拉尔角空军基地发射升空，历经长达 22 个月的轨道飞行，于 2014 年 10 月 17 日上午 9 时 24 分降落在加利福尼亚州的范登堡空军基地，为目前待在太空中最久的无人机。

★ X-37B 无人机头部视角

●机体构造

X-37B 无人机的机身不仅采用了全复合材料，还采用了新型可重复使用的防热材料，使 X-37B 无人机在重返大气过程中可以有效防护所产生的极高温度的热力。该机采用一台 AR2-3 火箭发动机作为动力，最初使用无毒、可存储的高纯度过氧化氢和 JP-8 煤油作为推进剂，推力约为 31 千牛，可满足轨道机动和轨道返回所需。之后，推进剂换成了技术成熟的 MMH 和 N_2O_4 燃料。

●作战性能

X-37B 无人机的发射方式多样，它不但能够被装在“宇宙神”火箭的发射罩内发射，也可从佛罗里达的卡纳维拉尔角起飞。X-37B 无人机在绕地球飞行之后，能够自行在美国加利福尼亚州降落，它可使用范登堡空军基地长 4600 米、宽 61 米的跑道着陆，该基地也是航天飞机的紧急着陆场。另外，它还可以在爱德华兹空军基地着陆。

X-37B 无人机的体积虽小，但功能齐全，有一个与航天飞机相似的背部载荷舱，尺寸与皮卡车的后货厢相当，这是 X-37B 无人机的一个显著亮点，载荷能力约 2 吨，内置货舱可以搭载小型机械臂，抵达轨道后可展开轨道作业，如抓取敌方在轨卫星、破坏航天器、释放小型载荷等。为了满足 X-37B 无人机在轨上的能源需求，还配备了太阳能电池板，可提供不间断的电力供应。

X-37B 无人机右侧视角

No. 79 美国“复仇者”无人机

基本参数	
机长	13.2 米
机高	3.4 米
翼展	20.1 米
空重	8255 千克
最大速度	740 千米 / 小时

“复仇者”无人机在高空飞行

“复仇者”（Avenger）无人机是美国通用原子技术公司研制的隐身无人战斗机，尚未正式服役。

•研发历史

“复仇者”无人机起飞

“复仇者”无人机是在MQ-9“收割者”无人机的基础上研制而成的，是为美国未来空战需求而开发的新型无人机。最初的研制代号为“捕食者”C（Predator C），即MQ-1“捕食者”系列无人机的第三个发展型号。原型机于2009年4月进行了首次试飞，截至

2020 年初仍处于研发阶段。

●机体构造

“复仇者”无人机采用 V 形尾翼，背部进气，动力装置为推力 17.75 千牛的普惠 PW545B 涡轮扇发动机。为了增强隐身性能，该机也有着减少红外特征的设计（如 S 形进气道）。为适应美国海军航母舰载机的搭载要求，“复仇者”无人机可能会采用折叠外翼。

“复仇者”无人机左侧视角

●作战性能

“复仇者”无人机体积庞大，可搭载 1.36 吨的有效载荷。“复仇者”无人机的飞行速度是 MQ-1“捕食者”无人机的 3 倍以上。除飞行速度大幅提升外，“复仇者”无人机的隐身生存能力、战术反应能力和任务灵活性也有较大的改进。“复仇者”无人机有一个长达 3 米的武器舱，可携带 227 千克级炸弹，包括 GBU-38 型制导炸弹制导组件和激光制导组件。另外还可以将武器舱拆掉，安装一个半埋式广域监视吊舱。在执行非隐身任务时，可在无人机的机身和机翼下挂装武器及其他任务载荷，包括附加油箱。

“复仇者”无人机在山区飞行

No. 80 法国“神经元”无人机

基本参数	
机长	9.5 米
翼展	12.5 米
空重	4900 千克
最大速度	980 千米 / 小时
实用升限	14000 米

“神经元”无人机在高空飞行

“神经元”(Neuron)无人机是由法国达索航空公司主导的隐身无人战斗机项目，另有多个欧洲国家参与研发计划。

•研发历史

2003 年，法国国防部长宣布与欧洲宇航防务集团、达索航空公司和泰利斯公司签署了一份重大协议，要求尽快开发一款等比例缩小版的概念验证机。之后，法国决定向其他欧洲国家开放“神经元”无人战斗机方案，而该项目也很快吸引了不少欧洲国家关注。2005 年，原有研发团队在吸收了瑞典、瑞士、希腊及意大利等国家的数家公司

★“神经元”无人机（左）、“阵风”战斗机（下）和“猎鹰”7X 运输机（上）

后，又签署了一系列详细备忘录和协议，标志着“神经元”无人机研发团队正式形成。同年底，法国、希腊、意大利、西班牙、瑞典和瑞士六国政府开始向项目注资。

2006年2月，“神经元”项目正式启动，法国国防部军械装备局代表所有参与国负责项目管理，达索航空公司作为主承包商负责项目的整体开发。2012年11月，“神经元”无人机在法国伊斯特尔空军基地试飞成功，法国国防部称其开创了新一代战斗机的纪元。

•机体构造

“神经元”无人机在外形设计和气动布局上，借鉴了美国B-2隐身轰炸机的设计，采用了无尾布局和翼身完美融合的外形设计，其W形尾部、直掠三角机翼以及锯齿状进气口遮板都与B-2轰炸机类似。该机采用全复合材料结构，雷达辐射能量少。由于没有驾驶员座舱，“神经元”无人机的体积和重量都相对较小。

★“神经元”原型机正面视角

•作战性能

“神经元”无人机可以在不接受任何指令的情况下独立完成飞行，并在复杂飞行环境中进行自我校正，此外它在战区的飞行速度超过现有一切侦察机。“神经元”无人机能在其他无人侦察机的配合下，反复在敌方核生化制造和储存地区进行巡逻、侦察和监视，一旦发现目标便可根据指令摧毁这些目标。该机也可在前方空中控制员的指挥下，与地面力量密切配合，执行由武装直升机和攻击机完成的近距空中支援任务。

“神经元”无人机准备起飞

No. 81 德国 / 西班牙“梭鱼”无人机

基本参数	
机长	8.25 米
翼展	7.22 米
空重	2300 千克
最大速度	1041 千米 / 小时
实用升限	6100 米

★“梭鱼”无人机在高空飞行

“梭鱼”（Barracuda）无人机是欧洲宇航防务集团研制的无人战斗机，主要用户为德国空军和西班牙空军。

•研发历史

“梭鱼”无人机研发项目自 2002 年开始启动，早期研发经费主要来自欧洲宇航防务集团的自筹资金。为了确保“梭鱼”无人机跻身世界先进无人机之列，其设计方案经历了多次改动。“梭鱼”无人机的机身结构在德国奥格斯堡的欧洲宇航防务集团工厂制造，机翼在

德国空军人员正在检修“梭鱼”无人机

西班牙马德里的加兴工厂制造。2006 年 4 月 2 日，“梭鱼”无人机首次试飞成功。

•机体构造

与欧洲其他无人机相比，“梭鱼”无人机具有出色的气动布局和外形设计，该机采用 V 形尾翼，发动机进气道位于机背。“梭鱼”无人机几乎所有的边缘和折角都沿一个方向设计，这样可以最大限度地降低机身的雷达反射，从而降低无人机被雷达发现的概率。“梭鱼”无人机的这种气动外形先后在法国、瑞典、德国进行了多次风洞测试，结果显示其飞行性能完全能够满足设计需要。“梭鱼”无人机的机载电子设备系统都采用模块化设计，可以根据任务需要将任务模块组合到机身上。该机的飞行控制系统、目标电子设备，导航系统都要采用双冗余度设计。

“梭鱼”无人机左侧视角

•作战性能

“梭鱼”无人机的最大有效载荷超过 300 千克，其电子设备系统采用模块化设计，可以根据任务需要将任务模块组合到机身上。在目前的计划阶段，包括光电红外传感器、激光目标指示器、发射体定位系统以及合成孔径雷达都将被装备进设备舱，在后期的试飞中进行测试。“梭鱼”无人机安装了无线电导航装置，通过一种特殊的无线 GPRS（通用无线分组业务）导航系统，在欧洲少数几个地面系统的帮助下，就能实现精确定位与飞行导航。

“梭鱼”无人机准备起飞

No. 82 以色列“搜索者”无人机

基本参数	
机长	5.85 米
机高	1.25 米
翼展	8.54 米
空重	500 千克
最大速度	200 千米 / 小时

展览中的“搜索者”Ⅰ型无人机

“搜索者”（Searcher）无人机是以色列航空工业公司研制的一款性能先进的无人侦察机，有Ⅰ型和Ⅱ型两种型号。

•研发历史

“搜索者”Ⅰ型无人机属于以色列第三代无人机系统，1990 年初在亚洲航展上首次展出，此时第一架样机已经完成，第二架不久后完成。1992 年中期，“搜索者”Ⅰ型开始移交以色列国防军。

新加坡军队装备的“搜索者”Ⅱ型无人机

“搜索者”Ⅱ型无人机属于以色列第四代无人机系统，1998 年正式面世。同年，“搜索者”Ⅱ型就坠毁了4架。以色列国防军发言人称，由于“搜索者”Ⅱ型出动频率高，所以相较而言坠毁数量并不算多。除以色列军队使用外，“搜索者”无人机还出口到印度、韩国、印度尼西亚、西班牙、泰国和新加坡等国家。

“搜索者”Ⅱ型无人机头部视角

机体构造

“搜索者”Ⅰ型无人机的水平尾翼固定在从机身尾部向后伸出的两根梁上，略微内倾的双垂尾安装在尾翼两端。“搜索者”Ⅱ型无人机的主要变化是加长了翼展，并使机翼适度后掠。

“搜索者”Ⅰ型无人机采用上单翼结构，发动机置于机身尾部上方，用三桨叶螺旋桨推进。起落架为前三点式，可在平地或跑道上滑跑起飞和降落，必要时可用气压弹射器或助推火箭帮助起飞。“搜索者”Ⅱ型无人机采用后掠机翼，发动机、通信系统和导航系统也较“搜索者”Ⅰ型有了改进，具有良好的空气动力学性能，滞空时间长，操作起来也非常方便。

作战性能

“搜索者”Ⅰ型无人机的动力装置为1台活塞发动机，功率为26.1千瓦。由于功率较低，其飞行高度受到限制。“搜索者”Ⅱ型无人机改为功率较大的转子发动机，功率为35千瓦。“搜索者”Ⅱ型的飞行高度超过6000米，最大任务半径增加到170千米，续航时间达18小时。飞行中按预编程序飞行，或在操作员控制下半自主制导。

“搜索者”无人机的机载光电侦察设备包括电视摄像机、前视红外仪、激光目标指示器、激光测距仪，安装在机身下部一个可转动的球形壳体内，转动方位角360度，俯仰角为+10度～-110度。根据侦察任务或执行任务的时间是白天还是夜晚，这些设备可有不同的组合。机上有数据传输设备，可将侦察获得的图像实时传回地面站。

“搜索者”Ⅱ型无人机右侧视角

No. 83 以色列“苍鹭”无人机

基本参数	
机长	8.5 米
翼展	16.6 米
空重	900 千克
最大速度	207 千米 / 小时
实用升限	10000 米

“苍鹭”无人机在高空飞行

“苍鹭”（Heron）无人机是以色列航空工业公司研制的长程无人机，2005 年开始服役。

•研发历史

“苍鹭”无人机的研制计划始于 1993 年年底，并于 1994 年 10 月进行了第一架原型机的首次试飞。该机的设计用途为实时监视、电子侦察和干扰、通信中继和海上巡逻等。“苍鹭”无人机曾在 1995 年巴黎航展和 1996 年范堡罗航展上展出。2005 年，“苍鹭”无人机正式

“苍鹭”无人机左侧视角

服役。目前，“苍鹭”无人机已装备以色列空军、印度空军、印度海军、德国空军、土耳其空军、摩洛哥空军等。

•机体构造

“苍鹭”无人机广泛使用复合材料，采用整体油箱机翼、可收放式起落架、大型机舱、大功率电源系统等设计，其大型机舱可根据任务需要换装不同的设备。动力装置为一台四冲程活塞发动机，功率为74.6千瓦。该机采用轮式起飞和着陆方式，飞行中则由预先编好的程序控制。

“苍鹭”无人机仰视图

•作战性能

“苍鹭”无人机主要用于实时监视、电子侦察和干扰、通信中继和海上巡逻等任务。它可携带光电/红外雷达等侦察设备进行搜索、测控和识别，进行电子战和海上作战。该机装有大型监视雷达，可同时跟踪32个目标。“苍鹭”无人机在7620米高度，以150千米/小时的速度巡逻时，其续航时间为36小时，在4570米高度巡逻，续航时间为52小时。

“苍鹭”无人机头部视角

US AIR FORCE
AIR FORCE SPACE COMMAND

第 6 章

空军弹药装备

空军弹药装备是指空军装备和使用的机炮、炸弹、导弹等军械物品，它们是空军武器系统中的核心部分，也是完成既定战斗任务的最终手段。

No. 84 美国 AIM-7“麻雀”导弹

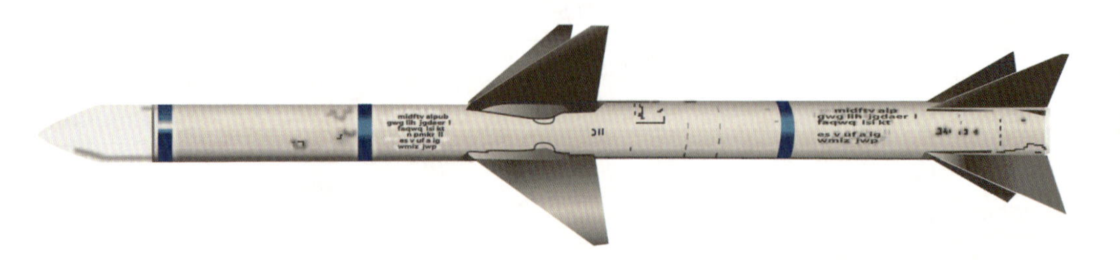

基本参数	
全长	370 厘米
直径	20 厘米
翼展	81.3 厘米
总重	230 千克
最大射程	40 千米

美国空军 F-15 战斗机发射“麻雀”导弹

AIM-7“麻雀”(Sparrow)导弹是美国雷神公司研制的空对空导弹，从 20 世纪 50 ~ 90 年代，“麻雀”导弹及其后来的各种改进型号长期作为美国及其盟国的主要超视距空战武器并在战争中广泛使用。

•研发历史

“麻雀”导弹的研制工作始于 20 世纪 40 年代后期，当时美军计划发展一种可被导引的空对空火箭。美军在 1947 年委托斯佩里公司研制一种直径 127 毫米的标准空用火箭（HVAR），这个武器被划分为“热点计划”(Project Hotshot）的一部分。最初使用 KAS-1 的编号，之后更改为 AAM-2，最后在 1948

美军战斗机机翼下挂载的“麻雀”导弹

年改为 AAM-N-2。由于 HVAR 直径仅 127 毫米的弹体无法容纳所需电子设备，所以弹体直径被增至 200 毫米。1952 年，“麻雀”导弹原型首次成功拦截目标。经过长时间的研制后，编号为 AAM-N-2 的“麻雀”导弹于 1956 年开始服役。1962 年，“麻雀”导弹依据三军统一命名法重新编号为 AIM-7。

美国空军地勤人员正在检查“麻雀”导弹

•武器结构

“麻雀”导弹的外形从初始型号到最终型号变化很大，以使用最为广泛的 AIM-7E/F/M 型为例，导弹为细长圆柱弹体，头部呈尖卵形，有 4 个全动式十字形三角弹翼位于弹体中部，4 个固定的三角形安定面位于弹体尾部。全动弹翼和安定面在弹身上的配置为串联 X-X 型。弹体内部从前到后依次为雷达半主动导引头舱、自动驾驶仪舱、舵机舱、战斗部和引信保险执行舱，最后是火箭发动机舱。

•作战性能

作为第二代空对空导弹的代表，“麻雀”导弹奠定了现代中程空对空导弹的基本设计布局：高弹径比使得弹体显得细长，减小了飞行阻力，使得导弹无须采用大推力发动机就能获得较高速度和较远航程；选择雷达半主动制导技术使得导弹在可靠性和命中精度之间获得了较好平衡。与其他半主动雷达制导的导弹相同，“麻雀”导弹自身不发射雷达波，而是借由发射平台的雷达波在目标上反射的连续波信号导向目标。

★ 美军攻击机正在发射“麻雀”导弹

No. 85 美国 AIM-9“响尾蛇”导弹

基本参数	
全长	285 厘米
直径	12.7 厘米
翼展	63 厘米
总重	91 千克
最大射程	18 千米

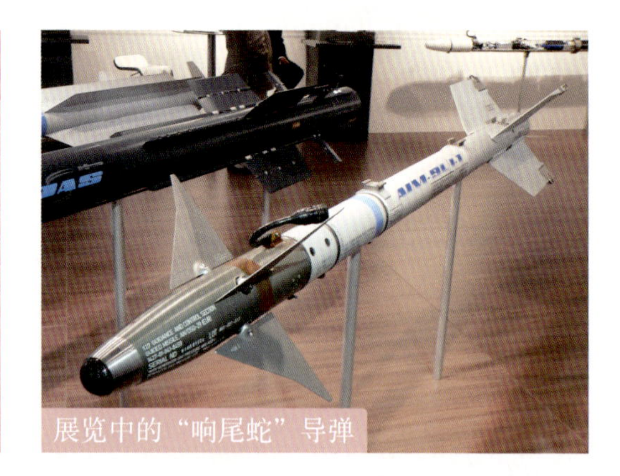
展览中的“响尾蛇”导弹

AIM-9“响尾蛇”（Sidewinder）导弹是美国雷神公司研制的短程空对空导弹，1956 年开始服役，改进型号众多，美国各大军种均有使用。

•研发历史

“响尾蛇”导弹由美国雷锡恩公司研发，1953 年原型试射成功，1956 年 7 月开始装备，使用单位遍及美国四大军种，外销数量与使用国家众多，是世界上产量最大的空对空导弹之一，也是在实战中广泛使用的少数导弹之一，参与过越南战争、马岛战争和海湾战争等。

美国空军 F-15 战斗机携带的“响尾蛇”导弹

“响尾蛇”导弹主要有 AIM-9C、AIM-9D、AIM-9E、AIM-9G、AIM-9H、AIM-9J、AIM-9L、AIM-9M、AIM-9N、AIM-9P、AIM-9R、AIM-9X 等型号，性能不断提高。除美国外，还有 50 多个国家装备“响尾蛇”导弹。

●武器结构

“响尾蛇”导弹各个型号的结构并不相同，最新型号 AIM-9X 的外形与之前的型号有很大差异，它取消了陀螺舵的设计，因为导弹内部已经有专门的姿态控制系统保证导弹飞行过程中不会发生自旋。AIM-9X 的弹身细长，有 4 个很小的矩形尾翼。此外，AIM-9X 采用了矢量控制系统——通过改变发动机尾喷口喷气方向来控制导弹的飞行方向，从而让导弹有了更加敏捷的飞行能力。

★ 美国空军训练使用的“响尾蛇”导弹

●作战性能

“响尾蛇”导弹的大多数型号为红外线导引，只有 AIM-9C 为半主动雷达导引。AIM-9C 之前的型号只能由目标的后方锁定攻击，使用上的限制比较大，而配备 AIM-9C 的战斗机则可以采用对头攻击。多数“响尾蛇”导弹都采用了 Mk 36 无烟发动机作为动力系统，由于导弹飞行时没有明显的尾迹，敌机飞行员难以通过肉眼来发觉。总体来说，“响尾蛇”导弹具有近距格斗能力，能全方向、全高度、全天候作战。

美国空军 F-16 战斗机发射“响尾蛇”导弹

No. 86 美国 AIM-120“监狱”导弹

基本参数	
全长	370 厘米
直径	18 厘米
翼展	53 厘米
总重	152 千克
最大射程	180 千米

美军 F-35 战斗机发射“监狱”导弹

AIM-120“监狱”（Slammer）导弹是美国休斯飞机公司研制的主动雷达导引空对空导弹，也被称为先进中程空对空导弹（Advanced Medium-Range Air-to-Air Missile，AMRAAM）。

●研发历史

“监狱”导弹是美国与欧洲北约成员国关于发展空对空导弹及分享相关生产技术的协议的产物，但是这个协议目前已经失效。根据该协议，美国负责开发下一代中距离空对空导弹，也就是“监狱”导弹。北约欧洲成员国负责开发下一代短程空对空导弹，也就是 AIM-132 先进短程空对空导弹。该协议的终止导致欧洲发展一种与“监狱”导弹竞争的导弹（“流星”导弹），美国则继续升级 AIM-9“响尾蛇”导弹。经过持续开发，“监狱”导弹在 1991 年 9 月开始部署。

★ 美军战斗机携带的“监狱”导弹（上）和“响尾蛇”导弹（下）

•武器结构

“监狱”导弹广泛应用了 20 世纪 70 年代以来美国在结构材料、制导和控制、雷达技术、固态电子学、高速数字计算机等技术领域所取得的成果。它采用大长细比、小翼展、尾部控制的正常式气动外形布局，各个型号的外形略有差异，如 AIM-120C 为了能被放进 F-22 战斗机的内部弹舱，它的翼面被缩小了。

★“监狱”导弹尾部特写

•作战性能

“监狱”导弹具有全天候、超视距作战的能力，比美国以往的空对空导弹飞得更快、更小、更轻，也更能有效地对付低空目标。内部整合的主动雷达、惯性基准元件和微电脑设备也减少了“监狱”导弹对发射平台火控系统的依赖性。一旦接近目标，“监狱”导弹将会启动本身的主动雷达来拦截目标。这种称为“射后不理”的功能，让飞行员不需持续地以雷达照明锁定敌机，也让飞行员能同时攻击数个目标，并在导弹锁定敌人后进行回避动作。

美军 F-35 战斗机试射“监狱”导弹

No. 87 美国 AGM-65“小牛”导弹

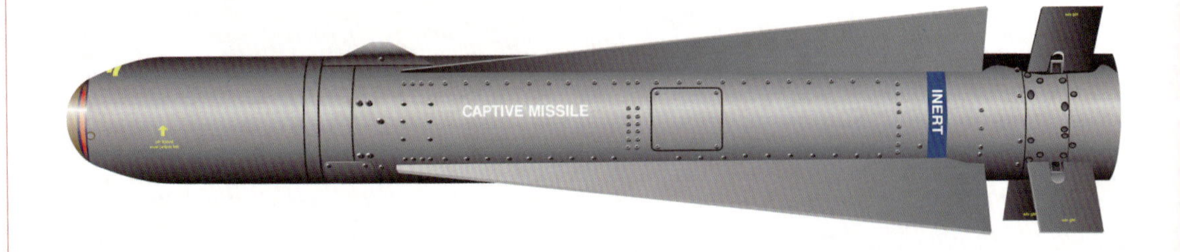

基本参数	
全长	250 厘米
直径	30.5 厘米
翼展	71.9 厘米
总重	136 千克
最大射程	27 千米

★ 美国空军 F-15 战斗机发射“小牛”导弹

AGM-65“小牛”（Maverick）导弹是美国休斯飞机公司研制的空对地导弹，用以攻击坦克、装甲车、机场飞机、导弹发射场、炮兵阵地、野战指挥所等小型固定或活动目标，以及大型固定目标。

●研发历史

“小牛”导弹于 1965 年开始设计，1969 年 12 月首次进行空中发射试验，1971 年 7 月开始生产。1973 年 1 月，基本型 AGM-65A 开始服役。之后，休斯飞机公司在 AGM-65A 基础上不断改进发展，形成了一个完整的战术空对地导弹系列，其性能水平跨越第二代和第三代空对地导弹。该系列导弹广泛装备美国海军、美国空军的各种作战飞机，

★ 美国空军地勤人员正在检查战机挂载的“小牛”导弹

如 F-4、F-5、F-16、F-111、A-4、A-6、A-7、A-10、AV-8A、F/A-18 等。

●武器结构

美国空军 A-10 攻击机挂载的“小牛”导弹

“小牛”导弹的弹体为圆柱形，4 个三角形弹翼与尾舵为 X 形配置，动力装置为双推力单级固体火箭发动机。战斗部为穿甲爆破杀伤型，可用四种发射架发射。由于采用模块化舱段设计，“小牛”导弹能根据作战要求，由不同的载机选择适用的导弹型号，因而具有全天候、全地形作战使用能力。

●作战性能

“小牛”导弹有电子制导、激光制导和红外热成像制导三种制导类型。电子制导适宜在晴朗的白天使用，当发现目标后，飞行员通过电视摄像机的目标图像，发射并操纵导弹进行攻击；激光制导无论白天和黑夜都能使用，但在不良气象条件下（如雨天、雾天）使用效果不佳；红外热成像制导优点突出，具有全天候作战能力，在白天、黑夜、不良气象条件下和能见度低的战场环境中均能使用。

美国空军 A-10 攻击机发射“小牛”导弹

No. 88 美国 AGM-86 巡航导弹

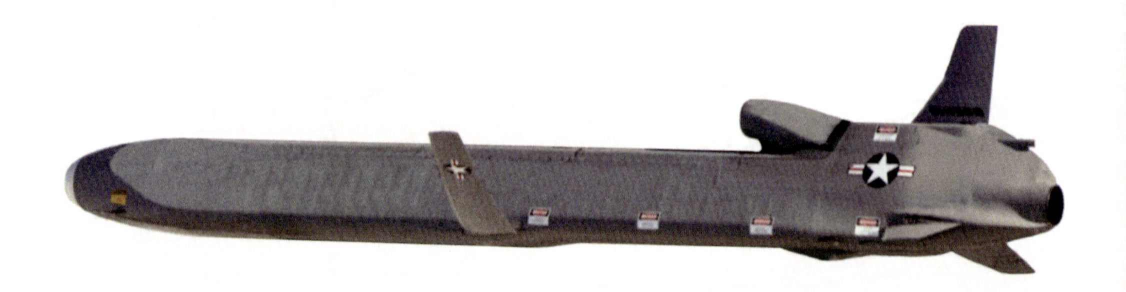

基本参数	
全长	630 厘米
直径	62 厘米
翼展	370 厘米
总重	1430 千克
最大射程	2400 千米

博物馆中的 AGM-86 巡航导弹

AGM-86 巡航导弹是波音公司为美国空军研制的空射巡航导弹，主要由 B-52H 战略轰炸机携带并发射。

•研发历史

AGM-86 巡航导弹的开发目的是为了提高 B-52 轰炸机的生存能力，两者的结合将迫使敌军分散把守更广的地域，从而增大敌军的防空难度。AGM-86 巡航导弹于 1974 年开始研制，AGM-86A 于 1976 年开始进行试验。1977 年 6 月，因美国空军决定发展射程更远的 AGM-86B，AGM-86A 被终止研制。1982 年，AGM-86B 开始进入美国空军服役。此外，常规对地攻击型 AGM-86C 也同时装

飞行中的 AGM-86 巡航导弹

备美国空军。之后，又研制了常规对地攻击型的改进型 AGM-86D。

•武器结构

AGM-86 巡航导弹的外形如同一架小型飞机，弹体为上窄下宽的箱形，弹头为卵形。发动机进气斗在弹体上方，采用两翼面加垂尾布局，弹体中部弹翼安装在弹体下方，尺寸较大，后掠明显，弹尾部弹翼尺寸较小，安装有垂直翼面。

★ 展览中的 AGM-86 巡航导弹

•作战性能

AGM-86 巡航导弹的体积小、飞行高度低，雷达难以探测和跟踪。该导弹的射程达 1500 ~ 2400 千米，发射载机距离目标防区远，是防区外空中火力打击的主要力量。AGM-86 巡航导弹的威力大，精度也较高，圆概率误差为 30 米，战斗部也可加装非核电磁发生器，能准确打击并有效摧毁预定目标。AGM-86 巡航导弹的弱点在于弹速低，易被拦截，无法打击运动目标，作战效费比低于激光制导武器。

携带 AGM-86 巡航导弹的 B-52 轰炸机

No. 89 美国 AGM-88 “哈姆”导弹

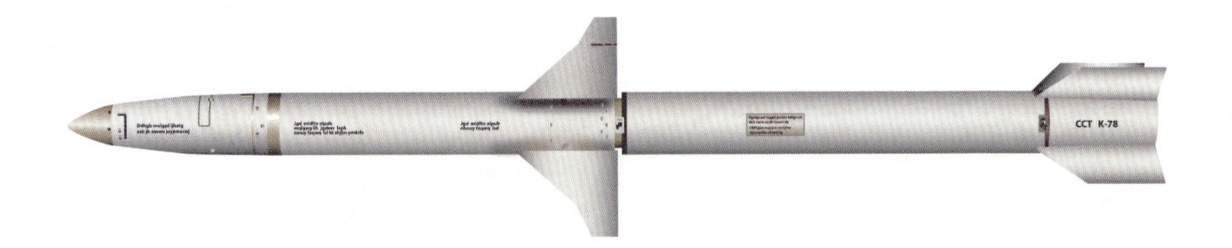

基本参数	
全长	417 厘米
直径	25.4 厘米
翼展	112 厘米
总重	360 千克
最大射程	150 千米

“哈姆”导弹发射瞬间

AGM-88 “哈姆”（HARM）导弹是美国得克萨斯州仪器公司研制的反辐射导弹，美国空军、海军和海军陆战队均有装备。

•研发历史

展览中的“哈姆”导弹

1969 年，美国海军根据使用 AGM-45 “百舌鸟”和 AGM-78 “标准”两种反辐射导弹以及相关电子作战的经验，提出新导弹的设计需求。1974 年 5 月，得克萨斯州仪器公司被选为主要研制公司。1983 年，“哈姆”导弹的批量生产计划获得批准，首批导弹递交给美国海军。1985 年，“哈姆”导弹首度使用于“小鹰”号航空母舰上的 A-7 攻击机编队。之后，美国空军也开始装备“哈姆”导弹。除美国外，澳大利亚、德国、希腊、意大利、日本、西班牙、韩国和土耳其等国家也有使用。

美国空军 F-16 战斗机挂载的“哈姆”导弹

•武器结构

“哈姆”导弹采用卵形弹头、柱形弹体。它拥有两组控制面：第一组位于弹体后部，4 片对称安装，前缘后掠，后缘平直，外端平行于导弹轴线；第二组位于弹体中部，4 片对称安装，前缘后掠角度由大变小，后缘垂直弹体。

•作战性能

“哈姆”导弹作战使用时有三种方式，即自卫方式、攻击随机目标方式、预定攻击方式。该导弹射速高，射程远，可最大限度压缩敌方反应时间；频带宽，可以攻击现役各种型号雷达。“哈姆”导弹有记忆功能，导引头锁定目标后，即使雷达关机，导弹自主式导引头仍能锁定并攻击目标。此外，“哈姆”导弹不受载机过载及机动限制。

美国空军 F-16 战斗机发射“哈姆”导弹

No. 90 美国 AGM-154 联合防区外武器

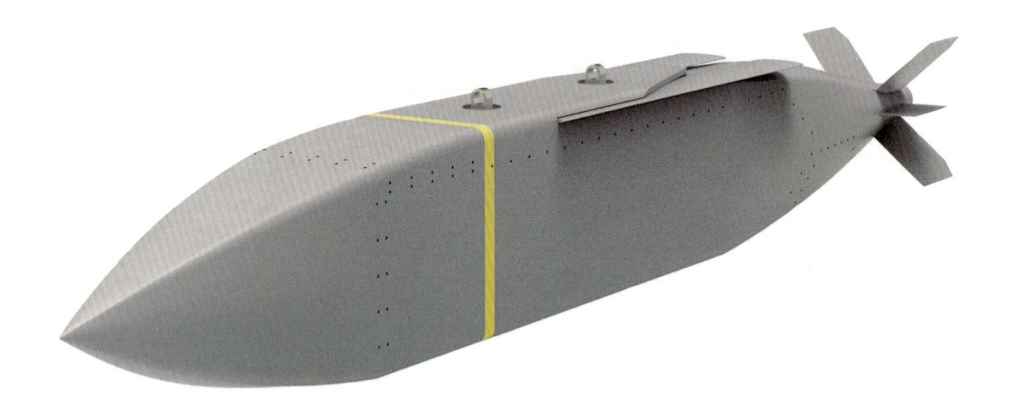

基本参数	
全长	410 厘米
直径	33 厘米
翼展	270 厘米
总重	497 千克
最大射程	130 千米

★ 博物馆中的 AGM-154 JSOW

AGM-154 联合防区外武器（Joint Standoff Weapon，JSOW）是美国雷神公司研制的中程投掷滑翔制导炸弹，主要用于打击防空设施。

•研发历史

AGM-154 JSOW 于 1992 年开始研制，1995 年进行试验，1998 年装备部队并在“沙漠之狐”行动中首次投入使用。AGM-154 JSOW 主要有三种型号：AGM-154A、AGM-154B、AGM-154C。1999 年 1 月 24 日，美国海军一架 F/A-18 战斗 / 攻击机在伊拉克投放

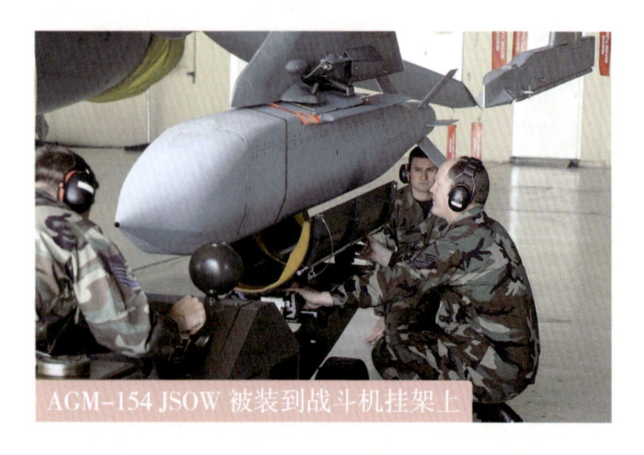

AGM-154 JSOW 被装到战斗机挂架上

了 AGM-154A，攻击了伊军一个防空设施，首次投入实战获得成功。

★ 运输中的 AGM-154 JSOW

●武器结构

AGM-154 JSOW 的头部为锥形、中部为箱形，至弹体后部，主尺寸逐渐收缩。弹尾翼有 6 片，呈花瓣形排列，整体似一艘缩小的潜艇。AGM-154A 是基本型，装有 154 个 BLU-97/B 子弹药，既能杀伤人员、破坏装备，又具有一定的穿甲能力，采用惯性制导加 GPS 制导。AGM-154B 为反装甲型，装有 6 个 BLU-108/B 子弹药，每个子弹又含有 4 个小炸弹。每个小炸弹都带有红外制导，其战斗部为聚能定向装药，能穿透坦克装甲，采用惯性制导加 GPS 中段制导方式。

●作战性能

AGM-154 JSOW 采用模块化设计，可使用各种子弹药、一体化战斗部和装载非杀伤载荷。AGM-154 JSOW 的射程远，杀伤力强。低空投掷时最大射程为 22 千米，高空投掷时最大射程可达 130 千米。该炸弹拥有发射后不管的能力，子弹药为末敏弹，能自行寻的攻击。

美国空军 F-16 战斗机投放 AGM-154 JSOW

No. 91 美国 AGM-158 联合空对地防区外导弹

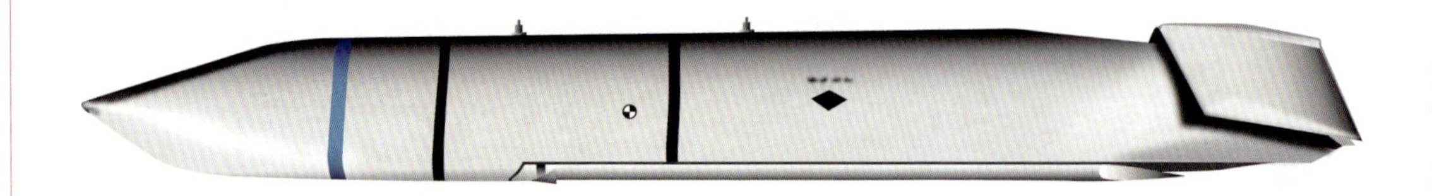

基本参数	
全长	427 厘米
直径	55 厘米
翼展	240 厘米
总重	1021 千克
最大射程	1000 千米

★ 美国空军 B-1B 轰炸机发射 AGM-158 JASSM

AGM-158 联合空对地防区外导弹（Joint Air-to-Surface Standoff Missile，JASSM）是洛克希德 · 马丁公司研制的空射巡航导弹，主要用于精确打击敌方严密设防的高价值目标。

•研发历史

AGM-158 JASSM 是洛克希德 · 马丁公司在 1994 年 AGM-137 三军防区外攻击导弹（TSSAM）计划被取消后，为美国空军和美国海军研制的新一代通用防区外空对地导弹。该导弹的使命与 TSSAM 相同，主要用来从敌防空区外距离精确打击严密设防的高价值目标，如敌指挥、控制、通信、计算机和情报的主要节点以及发电厂、工业设施、重要桥梁、弹道导弹发射架和舰船等目标，同时要求导弹本身具有雷达隐形能力。2009 年，AGM-158 JASSM 开始装备部队。

美国空军机库中的 AGM-158 JASSM

•武器结构

AGM-158 JASSM 采用涡轮喷射发动机，可使用爆破杀伤弹和穿甲弹等多种类型的战斗部，采用惯性制导加 GPS 中制导与红外成像末制导，并可进行攻击效果评定。该导弹加装了抗干扰模块，能在对 GPS 干扰的环境下使用，并大量采用隐身技术，具有昼夜全天候作战能力。

展览中的 AGM-158 JASSM

•作战性能

AGM-158 JASSM 是目前世界上最先进的巡航导弹之一，具有精确打击和隐身突防能力，可攻击固定和移动目标，并具有大面积杀伤能力。美国空军计划在未来战争中首先使用该导弹，用于摧毁敌方防空系统和指挥控制系统，然后由轰炸机等作战飞机携带较便宜的联合直接攻击弹药（JDAM）实施进一步打击。

美国空军地勤人员为 F-16 战斗机挂载 AGM-158 JASSM

No. 92 美国 LGM-30G“民兵”Ⅲ型导弹

基本参数	
全长	1820 厘米
直径	170 厘米
总重	35300 千克
最大射程	13000 千米
最大速度	23 马赫

★ 展览中的“民兵”Ⅲ型导弹

LGM-30G“民兵”Ⅲ型（Minuteman Ⅲ）导弹是波音公司研制的美国第三代洲际弹道导弹，隶属美国空军全球打击司令部，主要被设计用于投送核弹头。

•研发历史

“民兵”Ⅲ型导弹发射升空

1964 年，“民兵”Ⅲ型弹道导弹开始项目论证。1966 年，开始全面研制工作。1968 ~ 1970 年，共进行 25 次试射，其中成功 17 次，失败 8 次。1970 年 6 月，“民兵”Ⅲ型导弹正式服役。1978 年 11 月，“民兵”Ⅲ型导弹结束生产。作为上一代 LGM-

30F“民兵”Ⅱ型导弹的改进型，“民兵”Ⅲ型导弹对于再入阶段的性能做了大幅改进，成为美军第一型装备了分导式多弹头的地对地战略弹道导弹。

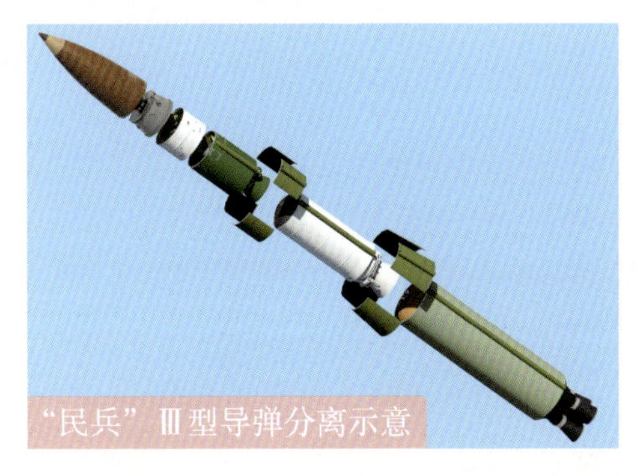
“民兵”Ⅲ型导弹分离示意

武器结构

“民兵”Ⅲ型导弹引进一种新的第三节推进火箭，而且也是第一种配置独立多重重返大气层载具的陆基洲际弹道导弹。它的第三节推进火箭比起“民兵”Ⅱ型导弹更宽，而且有液态燃料的喷燃口。它的后期推进系统有一具 136 千克推力的发动机作前后移动，另有 6 具 10 千克推力的发动机做左右调整，还有 4 具 8 千克推力的发动机在表面喷射以维持旋转。

作战性能

“民兵”Ⅲ型导弹可以携带 3 枚核弹头，每个核弹头的当量为 17.5 万吨。随着美国“和平卫士”洲际导弹在 2005 年全部退出现役，“民兵”Ⅲ型导弹成为美国唯一的陆基可携带核弹头的洲际弹道导弹，是维持美国“三位一体”战略核威慑的陆基支柱。为了在洲际导弹数量减少的情况下保持美国的战略威慑效力，美军正在对“民兵”Ⅲ型导弹进行升级，以提升该导弹的安全性和打击精确度。

★“民兵”Ⅲ型导弹发射时的巨大后焰

No. 93 美国 GBU-39 小直径炸弹

基本参数	
全长	180 厘米
翼展	19 厘米
总重	130 千克
最大射程	110 千米
命中精度	5 米

美国空军 F-22 战斗机投放 GBU-39 小直径炸弹

GBU-39 小直径炸弹是美国波音公司研制的导引炸弹，美国空军于 2006 年 10 月在伊拉克首次实战使用了这种炸弹。

●研发历史

美国空军 F-16 战斗机挂载的 GBU-39 小直径炸弹

2001 年 10 月，波音公司获得 GBU-39 小直径炸弹的研发合约。2005 年 9 月，GBU-39 小直径炸弹通过操作测试及评估。2006 年 9 月，向美国空军运交第一批 GBU-39 小直径炸弹。2006 年 10 月，GBU-39 小直径炸弹取得初始操作能力（Initial Operational

Capability，IOC）认证，挂载的战机是 F-15E 战斗轰炸机。2006 年 10 月，GBU-39 小直径炸弹第一次运用于实战。

•武器结构

GBU-39 小直径炸弹的外形细长，壳体采用硬度极高的材料制造，并采用了先进的抗干扰全球卫星定位系统（GPS）/惯性导航系统（INS）制导装置。大多数美国空军战机可以在原使用 BRU-61/A 挂架（可挂载 1 枚 Mk 84 型 907 千克低阻力通用炸弹）处，装设一组 4 枚小直径炸弹投射器。

展览中的 GBU-39 小直径炸弹

•作战性能

GBU-39 小直径炸弹是一种低成本、高精确度和低附带毁伤的小直径炸弹，其命中精度一般小于 5 米。尽管只装有 22.7 千克炸药，但这种重 130 千克的炸弹与通常的 900 千克炸弹拥有同样的穿透能力。测试证实，GBU-39 小直径炸弹可穿透至少 90 厘米的钢筋混凝土，可用于恶劣天气，并可在 110 千米的敌防空区外投掷。该炸弹配用可由驾驶员座舱选择装定时间的电子引信，该引信具有空爆、触发或延期起爆功能。由于 GBU-39 小直径炸弹体积小、重量轻，每架战机可携带更多的数量，每个飞行架次较以往攻击的目标更多。

★ 美国空军测试 GBU-39 小直径炸弹

No. 94 美国 Mk 20“石眼”Ⅱ型集束炸弹

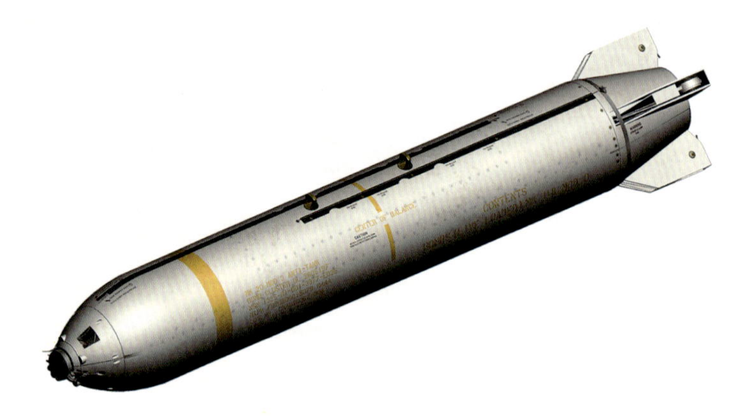

基本参数	
全长	233 厘米
直径	33.5 厘米
翼展	43.7 厘米
总重	222 千克
杀伤面积	4800 平方米

展览中的 Mk 20 集束炸弹

Mk 20“石眼”Ⅱ型（Rockeye Ⅱ）集束炸弹是美国霍尼韦尔公司研制的大面积反坦克子母弹，也称为 CBU-100 集束炸弹。

•研发历史

Mk 20 集束炸弹的研发工作始于 1963 年，1970 年开始服役，主要装备在 F-5、F-16 等战斗机上，用于攻击暴露状态的装甲目标和人员。海湾战争中，美军大量使用 Mk 20 集束炸弹攻击伊军防空阵地和装甲车辆。

运输中的 Mk 20 集束炸弹

•武器结构

Mk 20 集束炸弹的弹箱为圆柱形，头部为半球形，并有花状突出物，弹尾有 4 片控制面。Mk 20 集束炸弹采用 Mk 118 双用途子弹药，头部为前粗后细的锥形装药，尾翼为箭形。Mk 20 集束炸弹的抛投方法与其他炸弹一样，不受限制。

Mk 20 集束炸弹侧面视角

•作战性能

Mk 20 集束炸弹维护简便，易于保存。该炸弹的杀伤范围较大，其战斗部为 247 枚 Mk 118 双用途子弹药，每枚子弹药重 0.63 千克，装药 0.18 千克。Mk 20 集束炸弹的破甲能力强，子弹药以高速冲击装甲目标顶部，可击穿 80 毫米钢甲。面对岩石时的穿透力为 156 毫米，面对土壤时的穿透力则可达到 800 毫米。

★ 美军战斗机挂载的 Mk 20 集束炸弹

No. 95 美国 Mk 80 系列低阻力通用炸弹

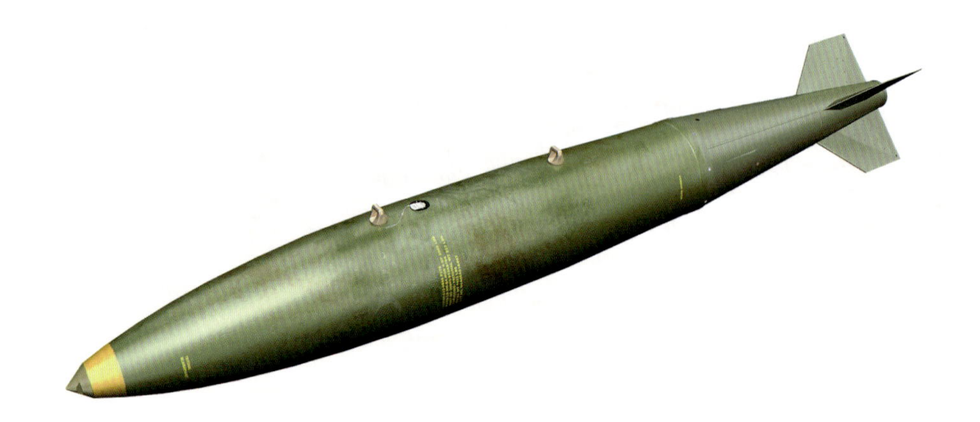

基本参数（Mk 84）	
全长	328 厘米
直径	45.8 厘米
翼展	64.3 厘米
总重	925 千克
装药量	429 千克

★ Mk 81 炸弹

Mk 80 系列是美国海军在 20 世纪 50 年代初为高速飞机外挂投弹研制的航空炸弹，后被美国三军广泛装备使用，同时也成为美国现有各型减速炸弹和制导炸弹改进发展的基本弹型。

●研发历史

Mk 80 炸弹的全名为低阻力通用炸　弹（Low-Drag General Purpose Bomb，LDGP），是一种无导引、传统炸药的空用炸弹，主要有 Mk 81、Mk 82、Mk 83、Mk 84、BLU-110、BLU-111 和 BLU-126 等型号。1991 年海湾战争中，美国空军使用了 11.4 万

美国空军 F-111 战斗轰炸机投放 Mk 82 炸弹

枚 Mk 82 和 Mk 84 炸弹。目前，Mk 80 系列炸弹仍在生产和改进之中。

•武器结构

Mk 81 是 Mk 80 系列炸弹中最小、最轻的一种，现已几乎不再使用；Mk 82 的设计重量是 227 千克，但实际重量则视不同的构型而有差异；Mk 83 的设计重量为 460 千克，实际重量也视不同的构型而有差异；Mk 84 是 Mk 80 系列炸弹中最大、最重的一种，昵称“铁锤”；BLU-110 是内装 PBXN-109 热不敏感性炸药的 Mk 83，BLU-111 是装填 PBXN-109 热不敏感性炸药的 Mk 82，BLU-126 则是在 BLU-111 炸弹中加入非爆炸性填充物。

运输中的 Mk 84 炸弹

•作战性能

Mk 80 系列炸弹的主要特点是弹体细长，弹道性能好。同时，由于其气动外形由高阻力发展为低阻力，使航空炸弹得以由作战飞机炸弹舱内挂方式发展为外挂方式，从而进一步扩大了航空炸弹的使用范围，为战术攻击飞机实施高速突防轰炸提供了适宜的进攻武器。

美国空军 B-52 轰炸机投放 Mk 82 炸弹

No. 96 美国 M61“火神”机炮

基本参数	
口径	20 毫米
全长	182.7 厘米
总重	92 千克
最大射速	6600 发 / 分钟
炮口初速	1050 米 / 秒

“火神”机炮侧面视角

M61“火神”（Vulcan）机炮是美国于 20 世纪 50 年代研制的六管连发速射型航空机炮，经常被装载在战斗机、直升机上作为高射速近距离火炮系统。

●研发历史

M61 机炮于 1956 年 12 月设计定型，1959 年正式生产，在生产了 480 具 M61 机炮后，于 1964 年开始转产新型 M61A1 机炮。与 M61 机炮相比，M61A1 机炮最大的改变是采用无链供弹系统。之后，又出现了轻量化的 M61A2 机炮，采用较薄的炮管以减轻重量。

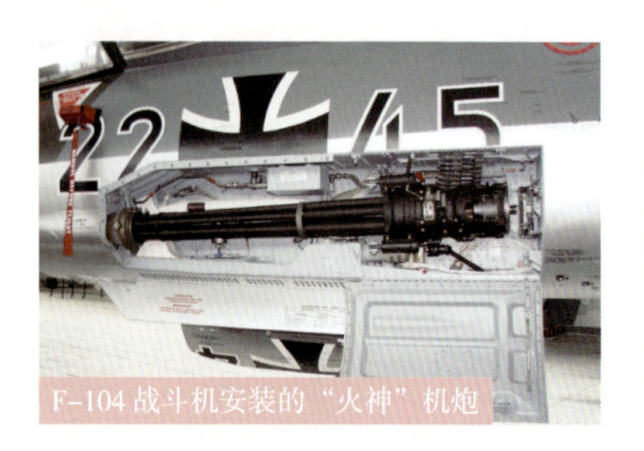
F-104 战斗机安装的“火神”机炮

M61 系列机炮最早用于美国空军的 F-104 战斗机和 F-105 战斗轰炸机，然后是 F-106 截击机、F-111 战斗轰炸机、F-4 战斗机和 B-58 轰炸机。现在，无论是美国空军的 F-15 战斗机、F-16 战斗机和 F-22 战斗机，还是美国海军的 F/A-18 战斗 / 攻击机，都以 M61 系列机炮为制式武器。

“火神”机炮正面视角

•武器结构

M61 系列机炮是一种使用外力驱动六支枪管滚动运作、气冷、电子击发的加特林机枪。其中使用在 F-14 战斗机与 F/A-18 战斗 / 攻击机上的 M61A1 机炮可以选择液压或冲压方式驱动，采用电子控制，搭配无弹链供弹系统。在无链供弹系统中，炮弹都存放在一个鼓形装置内，弹鼓内安装有一个阿基米德螺旋杆，弹药顺着螺旋杆排列。当螺旋杆旋转时，弹药就被“挤”到输弹带中，一直送到机炮内。

•作战性能

M61 系列机炮配用的炮弹主要有 M53 穿甲燃烧弹、M56 高爆燃烧弹、PGU-28 系列远程弹药、M55A1/A2 易碎练习弹等。M61 系列机炮的极限射速可达每分钟 7200 发，但实际运作时可选择每分钟 4000 发与每分钟 6000 发的两种射速。由于射速极高，弹链在高速拉扯下极容易变形、弯折甚至断裂导致卡壳，因此早期的 M61 机炮故障率较高。为此，通用电气公司便开始设计采用电动无链供弹系统的 M61A1 机炮，从而大大提高可靠性。

“火神”机炮侧后方视角

No. 97 苏联 / 俄罗斯 R-73 导弹

基本参数	
全长	293 厘米
直径	16.5 厘米
翼展	51 厘米
总重	105 千克
最大射程	30 千米

米格 -21 战斗机发射 R-73 导弹

R-73 空对空导弹是苏联研制的短程空对空导弹，北约代号为 AA-11“箭手”(Archer)。苏联解体后，俄罗斯空军继续使用。

●研发历史

20 世纪 70 年代初，苏联为了与西方国家保持均势，研制了数款新一代前线战斗机，包括苏-27 和米格-29 战斗机。为了给这些战斗机配备相应的导弹武器，苏联除了继续改进 R-60 空对空导弹外，还考虑研制一种新的空对空导弹。1974 年 7 月，“三角旗”机械制

战斗机挂载的 R-73 导弹

造设计局开始研制 R-73 导弹，1976 年完成概念设计。1984 年，R-73 导弹开始装备部队，主要由苏-24、苏-25、苏-27、米格-21、米格-23、米格-29 等固定翼战机携带，米-24、米-28 和卡-50 等直升机也可使用。

•武器结构

R-73 导弹采用鸭式气动布局，弹翼上采用了稳定副翼，弹翼前采用了前升力小翼，弹翼和舵面位置呈 X 形。弹体分为五个部分：第一部分是一系列传感器、稳定器和控制平面在导弹前端形成的典型“瘦圆锥”结构；第二部分是自动驾驶仪、无线电近发引信装置、空气动力控制面以及与之连通的空气动力连接器；第三部分是一个固体推进剂发电机；第四部分由一个伸缩弹头组成，弹头内是一个安全保险装置；第五部分是一个单一模式的固体推动剂电动机，以及补助翼的驱动器和空气动力叶片。

苏-34 战斗机挂载的 R-73 导弹（机翼外侧）

•作战性能

R-73 导弹是 20 世纪 90 年代世界上性能较好的格斗型红外制导空对空导弹之一。该导弹采用红外线导引，配有一具低温冷却式寻标器，真正具有“离轴攻击”的能力：寻标器可以追踪距导弹中心轴上 60 度角的目标。它可由配戴头盔瞄准具的飞行员以目视的方式锁定目标，最小攻击范围约 300 米，在同高度下最大射程达 30 千米。

苏-35 战斗机挂载的 R-73 导弹（机翼外侧）

No. 98 苏联／俄罗斯 R-77 导弹

基本参数	
全长	371 厘米
直径	20 厘米
翼展	35 厘米
总重	190 千克
最大射程	110 千米

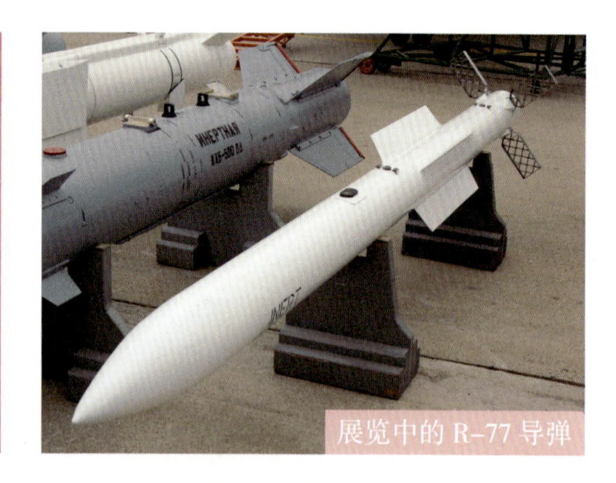
展览中的 R-77 导弹

R-77 导弹是苏联研制的中程空对空导弹，北约代号为 AA-12 “蝰蛇”（Adder）。苏联解体后，俄罗斯空军继续使用。

研发历史

20 世纪 80 年代，为进一步提高导弹机动能力和抗干扰能力，“三角旗”机械制造设计局开始研制类似美国 AIM-120 先进中程空对空导弹的 R-77 空对空导弹。苏联解体后由于经费的限制及生产线从基辅转到莫斯科，R-77 空对空导弹项目一拖再拖，直到 1994 年才

印度空军士兵正在为战斗机挂载 R-77 导弹

开始小批量生产，供苏-35、米格-29 和苏-57 等战斗机使用。除苏联 / 俄罗斯外，印度、印度尼西亚、越南、秘鲁、委内瑞拉等国家也有采用。

挂载 R-77 导弹（机翼内侧）的苏 -57 战斗机

•武器结构

R-77 导弹采用舵面位于弹翼后的传统气动力布局，弹翼和舵面呈 X 形。弹体由 8 个舱组成。采用不可拆卸式超小型展弦比弹翼和可折叠式格栅舵面，每一舵面由单独的传动电动机带动自主传动。这种舵面大大提高了导弹的控制效率，并降低了导弹的有效反射面。R-77 导弹在外观上最大的特点是网状尾翼，这种设计在苏联弹道导弹上早有运用，能让导弹适应 12g 的高机动性动作。

•作战性能

R-77 导弹采用主动雷达导引，其中途导引为惯性加指挥修正资料链，导弹资料链和发射平台之间的传送距离最远有 50 千米，当接近目标至 20 千米时，R-77 导弹自带的主动雷达就会开启，导引 R-77 导弹追踪目标。R-77 导弹有全天候和“射后不理”攻击能力，还有一定的抗电子干扰能力，其自带的主动雷达可以发现最远在 20 千米处雷达反射波面积为 5 平方米的空中目标。

★ 苏-35 战斗机挂载的 R-77 导弹（机翼外侧）

No. 99 法国“米卡”导弹

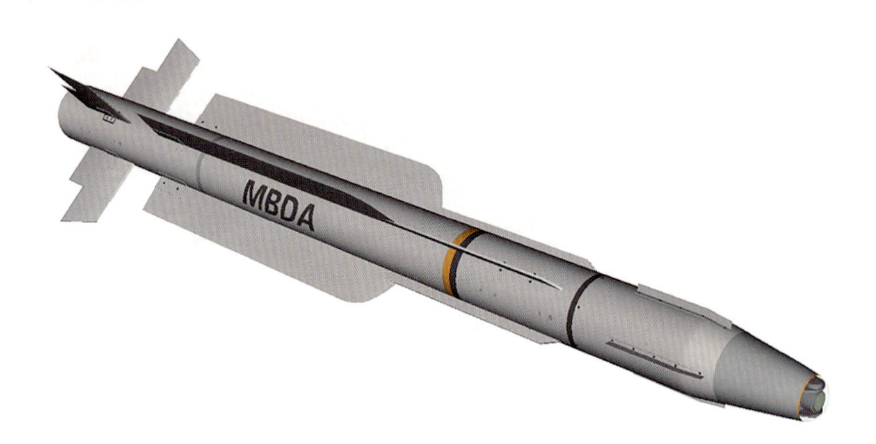

基本参数	
全长	310 厘米
直径	16 厘米
翼展	32 厘米
总重	112 千克
最大射程	50 千米

展览中的“米卡”导弹

“米卡”（MICA）导弹是法国马特拉公司研制的先进中程空对空导弹，1996年开始服役，可由“阵风”、“幻影”2000和F-16“战隼”等战斗机发射。

研发历史

“米卡”导弹原本是马特拉公司专为法国空军的“幻影”2000战斗机而研制的中近程空对空导弹，1996年开始装备部队。后来由于订货不足，马特拉公司希望这种导弹能成为法国陆海空三军都能采用的通用导弹。于是，1998年2月开始试验舰对空导弹。1999年5月，

法国战斗机挂载的“米卡”导弹

法国在停泊在南部地中海的科西嘉岛附近的军舰上，成功地试射了“米卡”舰对空导弹，其截击目标的能力达到预定要求。2000 年，“米卡”舰对空导弹开始服役。

●武器结构

“米卡”导弹采用窄长边条式弹翼和后缘呈阶梯形的尾翼，尾喷口内装有四个可大大提高导弹机动性的燃气偏转装置。在导弹发射后的几秒钟内，由于空气动力控制系统的操纵效率低，因此仅用燃气偏转装置进行推力矢量控制，当导弹达到超音速后，两者才共同控制导弹的飞行。

“米卡”导弹侧面视角

●作战性能

“米卡”导弹的机动性能极佳，其最大过载超过 35g。这种导弹采用两种可互换的导引头，一种是主动雷达导引头，另一种是被动红外导引头。由于它射程远，机动性好，制导精度高，既可用于中距离拦射，也可用于近距离格斗。

机翼下挂载“米卡”导弹的“阵风”战斗机

No. 100 欧洲 AIM-132“阿斯拉姆”导弹

基本参数	
全长	290 厘米
直径	16.6 厘米
翼展	45 厘米
总重	88 千克
最大射程	50 千米

战斗机翼下挂载的 AIM-132 导弹

AIM-132“阿斯拉姆”（ASRAAM）导弹是欧洲导弹集团研制的红外线导向式空对空导弹，也称为先进短程空对空导弹（Advanced Short Range Air-to-Air Missile，ASRAAM）。

•研发历史

20 世纪 80 年代，北约国家签订了协议备忘录，美国将发展一系列中程空对空导弹，以取代 AIM-7“麻雀”导弹，而英国和德国将发展一种先进的近程空对空导弹，以取代 AIM-9“响尾蛇”导弹。前者的研发成果就是 AIM-120 先进中程空对空导弹，而后者的研发成果

“台风”战斗机挂载的 AIM-132 导弹

就是 AIM-132“阿斯拉姆”空对空导弹。该导弹于 1998 年开始服役，截至 2020 年初仍然在役。

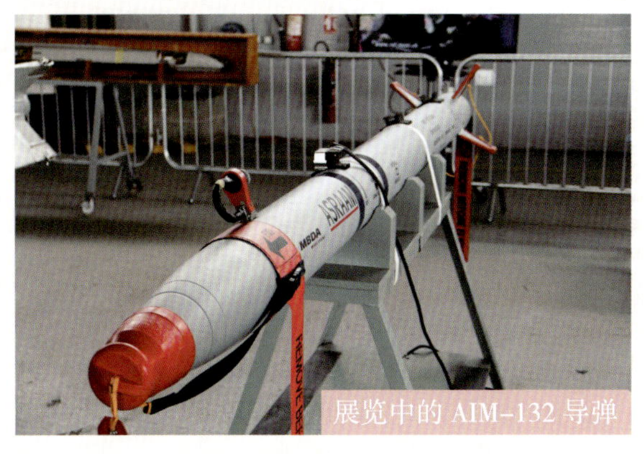

展览中的 AIM-132 导弹

•武器结构

AIM-132 导弹采用无弹翼、升力弹体和尾翼控制气动外形布局，4 片切梢三角形控制舵面位于弹体尾部，沿弹体方向配置 3 个弹耳。弹体采用模块式舱段结构，从前到后分为 4 个舱段：导引头舱，内有位标器、传感器、制冷装置和结构组件；电子和引信战斗部舱，内装电子器件和电源、近炸引信、战斗部和结构组件；固体火箭发动机舱；舵机舱。

•作战性能

AIM-132 导弹采用美国休斯公司研制的红外成像导引头和数字式信号处理技术，使导弹具有很强的抗人工红外干扰和瞄准目标要害部位的能力，以获得高的命中率。同时，采用英国研制的主动激光引信，并采用德国研制的带有综合触发引信和保险执行机构的高爆杀伤战斗部，以及包括光纤陀螺和固态加速度计在内的惯性测量装置，使导弹具有发射前或发射后锁定目标、实施全向攻击的能力。

“台风”战斗机发射 AIM-132 导弹

参考文献

[1] 西风．经典战斗机 [M]．北京：中国市场出版社，2014.

[2] 青木谦知．世界战机 50 强 [M]．长春：吉林出版集团有限责任公司，2012.

[3] 李大光．世界著名战机 [M]．西安：陕西人民出版社，2011.

[4]［英］克里斯·查恩特．轰炸机 [M]．白平华译．北京：国际文化出版公司，2003.